Vanishing Wilderness of Antarctica

美丽的地球

南极洲

科林·曼蒂斯 / 著 高圆圆 / 译

中信出版集团 · CHINACITICPRESS · 北京

图书在版编目（CIP）数据

美丽的地球. 南极洲 / (意) 曼蒂斯著；高圆圆译
. -- 北京：中信出版社, 2016.7（2024.12重印）
书名原文: Vanishing Wilderness of Antarctica
ISBN 978-7-5086-6129-2

Ⅰ. ①美… Ⅱ. ①曼… ②高… Ⅲ. ①自然地理－世界②自然地理－南极 Ⅳ. ①P941

中国版本图书馆CIP数据核字(2016)第080050号

Vanishing Wilderness of Antarctica

美丽的地球：南极洲
著　　者：［意］科林·曼蒂斯
译　　者：高圆圆
策划推广：北京全景地理书业有限公司
出版发行：中信出版集团股份有限公司
（北京市朝阳区东三环北路27号嘉铭中心　邮编　100020）
（CITIC Publishing Group）
承 印 者：北京中科印刷有限公司
制　　版：北京美光设计制版有限公司

开　　本：720mm × 960mm 1/16　　印　　张：18.5　　字　　数：61千字
版　　次：2016年7月第1版　　印　　次：2024年12月第20次印刷
审 图 号：GS（2021）5615号
书　　号：ISBN 978-7-5086-6129-2
定　　价：78.00 元

服务热线：010－84849555　　服务传真：010－84849000
投稿邮箱：author@citicpub.com

一座小冰山以完美的姿态倒映在光滑如镜的水面上

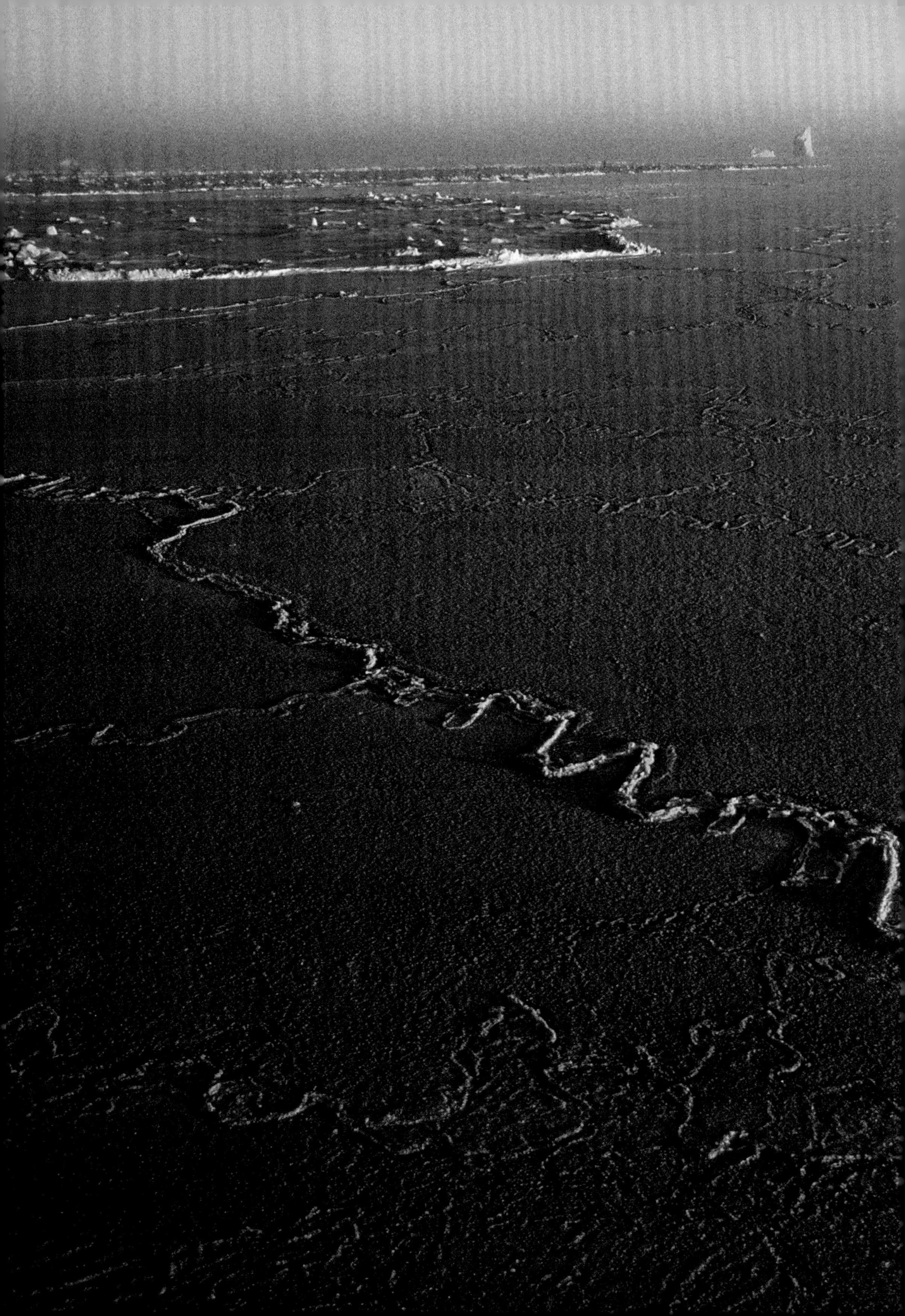

漫漫严冬里的南大洋逐渐冻结，形成巨大的海上浮冰。浮冰聚拢堆积，最终连成固定的海冰

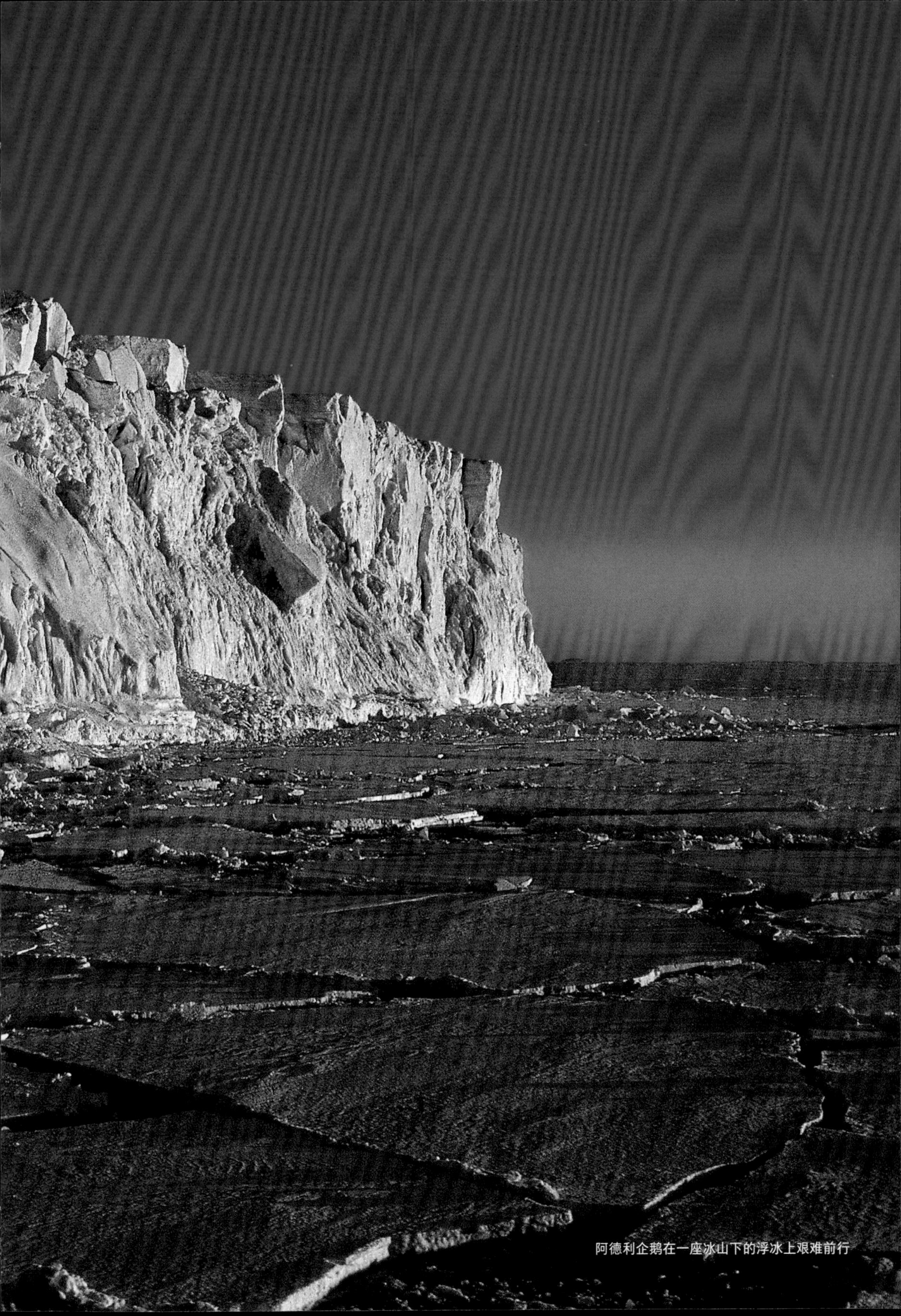
阿德利企鹅在一座冰山下的浮冰上艰难前行

威德尔海阿特卡湾内的新海冰。冰山里有一个巨大的空洞，帝企鹅将其作为自己的家园

象海豹的幼崽并排躺在南乔治亚岛的海滩上，身后是一群帝企鹅。象海豹会在海上度过整个严冬

帽带企鹅聚集在坎德尔默斯岛附近的一座古老而幽蓝的冰山上

Contents
目录

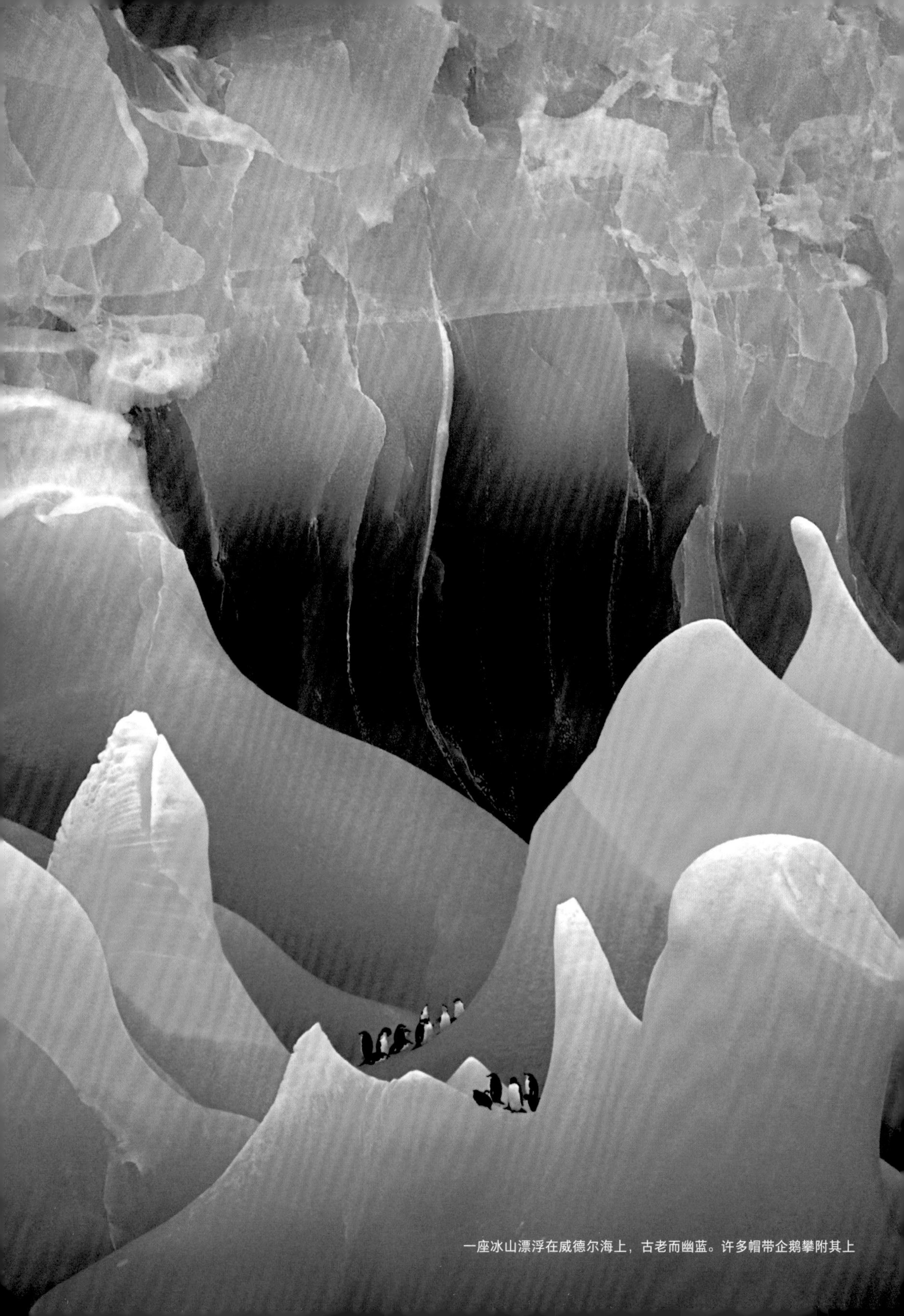

一座冰山漂浮在威德尔海上，古老而幽蓝。许多帽带企鹅攀附其上

Preface
前言

南极洲是个极其美丽而又极其荒凉的地方，是我们这个星球上的顶级寒漠，是一片狂风肆虐的冰雪高原，几乎任何生物都无法存活。但看来自我背反（自我矛盾）又极其正常的事情的确还是出现了。南极洲环海海域及沿岸地带居然一派生机勃勃，而且其中很大一部分生物是这些高纬度地区的特有物种。南极洲不隶属于任何人，亦没有传统意义上的国家公园或自然保护区。也许应该把地球的这片第七大陆当作世界公园，给予永恒的保护，留待世人欣赏。令人欣慰的是，南极考察被严格规定仅能用于和平目的。在南极洲，人们可以进行科学研究，保护野生生物，展开影响较小的休闲旅游。南极洲也以其荒野资源给人类提供纯粹的精神滋养。

南极洲荒凉而疏放。多亏《南极条约》（1959年签订，1961年生效）的远见卓识，南纬60度以上区域的那些瑰丽景致才被完好地保存下来。最初签订《南极条约》的国家只有12个，而今已然达到46个。其中大部分国家在南极洲设立了长期观测站，以便进行科学研究。《南极条约》提出了许多明智的保护举措，诸如禁止倾倒核废料；同时亦明确指出，南极大陆禁止进行任何军事性质的行动，除非是作为科学研究的后勤支持。

南极洲为坚冰所覆盖，孤绝荒寂，广大辽阔。总面积1400万平方千米，大约为美国面积的1.5倍。可是最高峰文森山（Vinson Massif）海拔只有4897米，按照全球的标准来看，并不算高。然而，埃尔斯沃思山脉（Ellsworth Mountains）与横贯南极山脉（Transantarctic Mountains）诸峰壁立，气势之恢宏酷似喜马拉雅。除了南维多利亚地（South Victoria Land）内著名的干谷（Dry Valleys）外，南极洲几乎无处不冰雪。然而，让人惊讶的是，在这片冰天雪地里竟然有大量的活火山。这里的土壤不仅单薄而且贫瘠，但是一些植物依然努力地存活着。某些具有特殊适应能力的植物如地衣，会附着于岩石之上，在南极点（South Geographic Pole）几百米以内的区域顽强存活；而某些植物甚至会在岩石内生存下来。苔藓和杂草亦会在大陆边缘外侧落地生根。南极植物之稀少与北极植物之丰茂形成了鲜明对比。在北极地区，大概有100种高等植物繁茂生长。

北极地区是一片汪洋，被众多陆地所包围；南极洲却是一片大陆，为浩瀚的南大洋（Southern Ocean）所环绕。南大洋的风暴最为肆虐，水体极寒，超出想象。其中含有丰富的营养物质，足以维持大量生物的生存。在冬季的酷寒之下，南大洋南部冻结成一片冰海，坚硬如钢，龟裂如马赛克，使南极洲的面积增加了一倍。大量冰体造成的反射效应十分明显，南极洲与南大洋合力可以影响全球气候系统和洋流循环模式，影响甚至远及遥远的北半球。从冰架上轰然坠落的平顶冰山巨大雄伟，有些长达数十千米，亦是南极洲常见之景。

今天的人们普遍认为：人类活动已经给我们生存的地球造成了巨大的冲击，引发了意义重大的全球变暖。而其中最令人侧目的人类行为就是燃烧化石燃料。需要着重指出的是，两极地区作为灵敏异常的全球气候变化风向标至关重要。南极半岛（Antarctic Peninsula）山脉狭长，宛若一根手指，指向南美洲，其变暖速度比地球上其他任何地方都要快。更引人注目的是，在过去的10年间，整个冰川及冰架体系土崩瓦解，这在有记载的冰川史上是前所未有的事件。它引发的冰川加速消逝，使得全球海平面升高，并威胁到众多的岛屿国家和地区，后果极其严重。

南极洲与南大洋养育了多种多样的野生生物，其中有很多为本地独有。虽然比之北极地区，南极洲的物种种类相对偏少，可是其数量巨大。南极洲食物链的初级消费者是一种类似于虾的动物——磷虾。这种细小的甲壳动物数量极为庞大，成为无数海鸟、企鹅和海豹的美食。而这些海洋动物会耗费大量的时间在南大洋里游走，只为寻觅磷虾和小鱼来喂养它们的幼崽。从每年的10月到翌年的1月，在南半球短暂的夏日时节里，这些海洋动物的幼崽会纷纷降生到这个世界上，这期间的捕食就变得尤为重要。滤食性动物须鲸（baleen whale）同样以磷虾为食。由于对南极鲸的工业性屠杀已经被制止，人们发现已有越来越多的鲸类在南大洋水域中捕食。尽管日本人仍继续运营着一支小型的南极远洋捕鲸船队，但是今天的南大洋已然成为鲸类的庇护所。在这里，曾惨遭屠戮的鲸类，总数量得以恢复，并有望获得平静与抚慰。

或者正是因为有了企鹅，南极才引得举世瞩目。这种小海鸟带着令人难忘的坚韧，穿着黑白相间的礼服，迈着卓别林式的步伐，摇摇晃晃而来。虽然企鹅不能飞，可是当它们在水下游弋时，却仿若在空中翱翔。它们在繁殖季走上陆地，那憨态可掬的模样深受游客喜爱。在17种不同类型的企鹅里（目前为18种——译者注），只有阿德利企鹅、巴布亚企鹅、帽带企鹅以及帝企鹅会在南极大陆及其周边区域繁殖。其中身形最大的帝企鹅会在黑夜漫漫、寒风刺骨的隆冬产下企鹅蛋。其他的企鹅如王企鹅、跳岩企鹅和黄眼企鹅则在亚南极群岛上占地而居。亚南极群岛环绕南大洋分布，大部分处于“咆哮40度”（Roaring Forties）（南纬40度线历来以多风暴著称，因此被称为“咆哮40度”）区域。

亚南极群岛分布在南大洋的无边浩渺之中，星星点点，宛若镶嵌在南极地区王冠上的颗颗宝石。人们将其中的一些岛屿命名为坎贝尔（Campbell）、麦夸里（Macquarie）、凯尔盖朗（Kerguelen）、克罗泽（Crozet）及赫德（Heard）。这里具有非常独特的南半球生态环境。

人们在亚南极群岛上发现了复杂的植物群落以及各种水鸟的筑巢地。海燕、企鹅和信天翁等都将这里当作它们珍爱的藏身之所。如今，血腥屠杀海豹的时代已然结束，新西兰、澳大利亚、法国以及南非都在大力保护这些脆弱的岛屿。多数岛屿已被指定为自然保护区或被联合国教科文组织列入“世界遗产”。当前最为紧迫的任务，一是防止外来植物的入侵，二

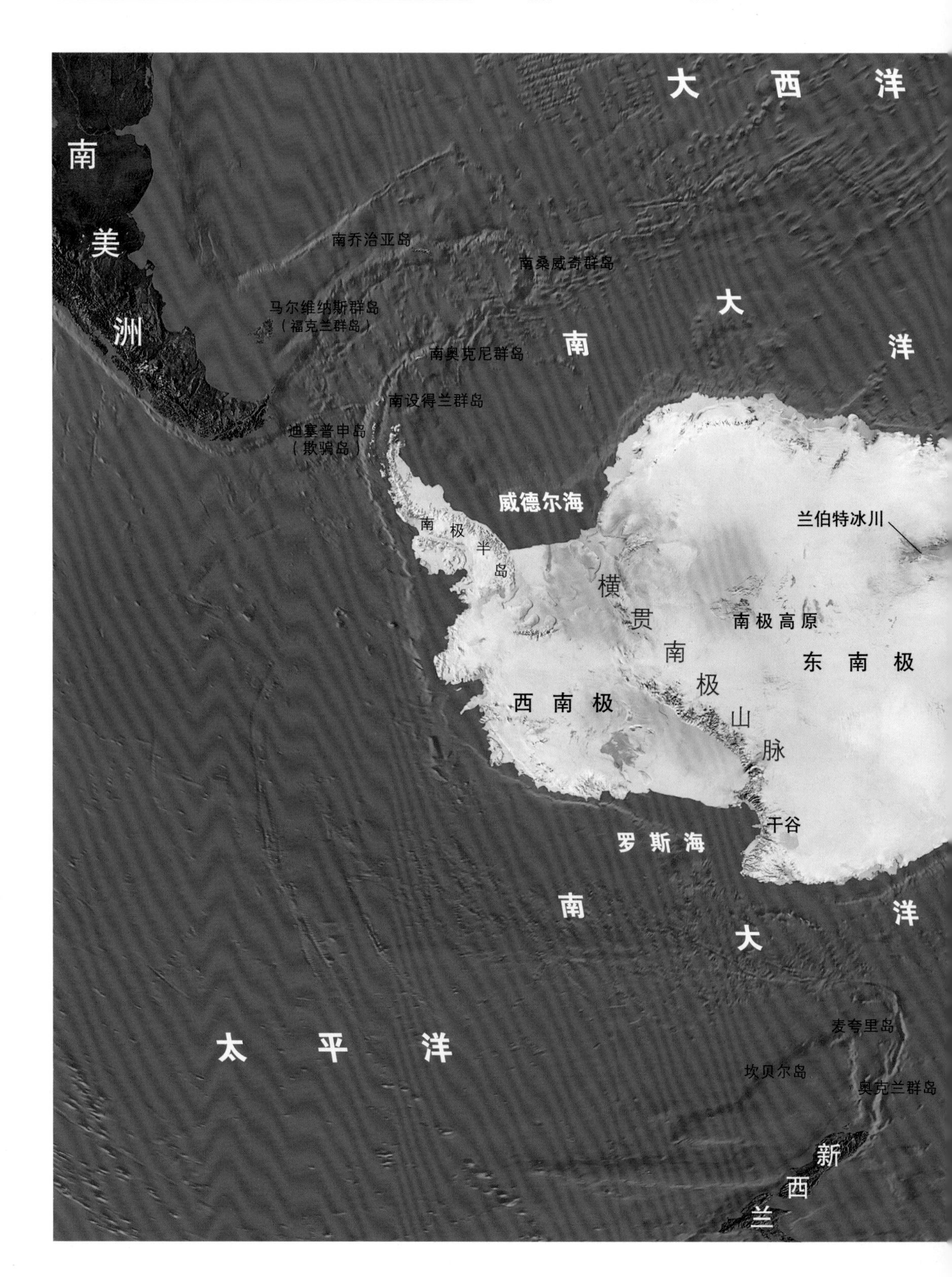
大 西 洋
南美洲
南乔治亚岛
南桑威奇群岛
马尔维纳斯群岛
（福克兰群岛）
南大洋
南奥克尼群岛
南设得兰群岛
迪塞普申岛
（欺骗岛）
威德尔海
兰伯特冰川
南极半岛
横贯南极山脉
南极高原
东南极
西南极
干谷
罗斯海
南大洋
麦夸里岛
坎贝尔岛
奥克兰群岛
太 平 洋
新西兰

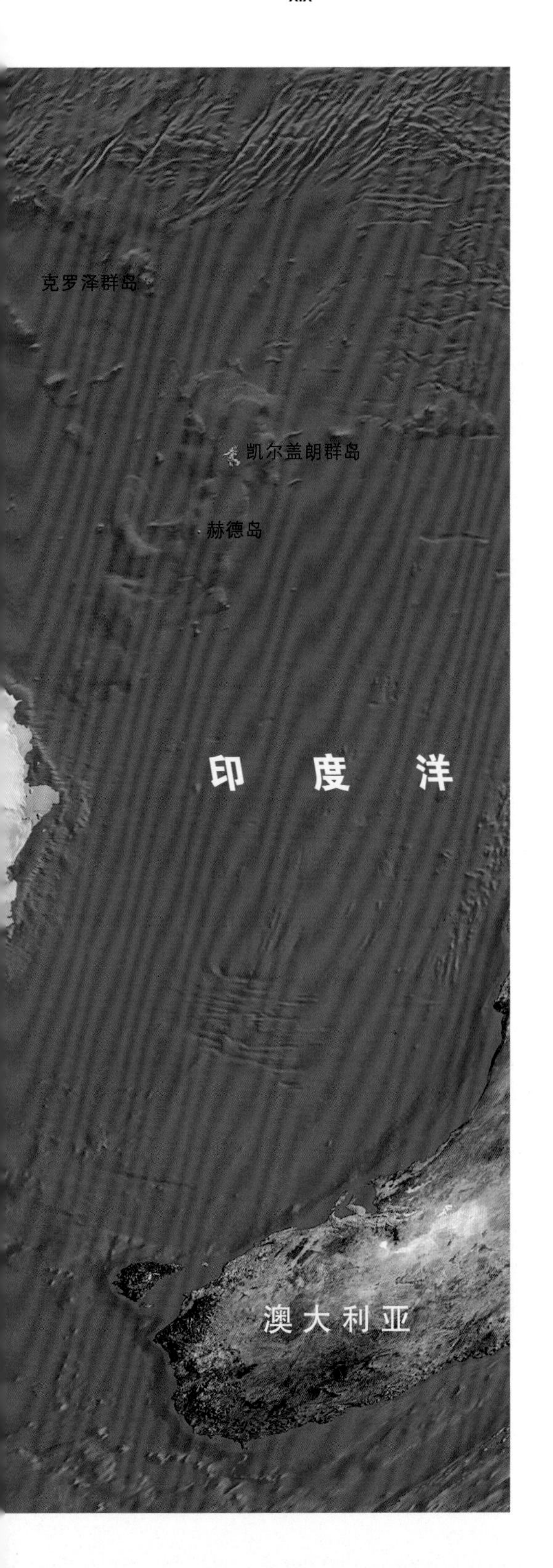

是根除残余的有害引进动物，猫和鼠首当其冲。

南乔治亚岛（South Georgia）地处亚南极与南美洲交界处，终日风势猛烈，覆盖着厚厚的冰雪。不过，它可能是一座最漂亮的岛屿。岛上山脉众多，岸边苍草丛生。在沙滩上，海浪拍天，云集而来的王企鹅、象海豹和海狗热闹喧嚣。无数的海鸟在天空中盘旋，而漂泊信天翁和灰背信天翁（light-mantled sooty albatross）以其端庄高贵尤为引人注目。亚南极群岛上人类的活动史也较为复杂，探险家、海豹捕猎者、捕鲸者都曾涉足其间，而近年来，科学家、艺术家和登山者成为更频繁的造访者。

南极大陆及亚南极群岛充满了野性，然而亦有其柔和的一面。在无风的天气里，天地间安静平和，即使仅仅是太阳低低的斜射，也散布着融融的暖意。雄伟的山峰耸入云端，冰川与冰山白雪皑皑，无比壮美。它们在海湾如镜的水面上投下美丽的倒影，别具风韵。极地的黎明破晓抑或黄昏薄暮，常常极为悠长。这时，冰雪和岩石错综的纹理披上了一层柔和雅致的色彩，辉映出一个遗世而立的天堂。

在我们生存的这个世界上，人口的膨胀导致许多动植物种类濒临灭绝，整个生态系统受到威胁。南极洲是人类可以保护的一方净土，是我们的希望之光。人们通常会这样问："如果我们连南极都保护不了，那么我们还能够拯救什么？"幸运的是，人类已经认识到南极不可替代的荒野价值，并竭尽所能来维持其原初面貌。毕竟，在这样一个喧闹嘈杂的世界上，越来越难以寻觅的就是和平与安宁。而南极洲能给予世间的最大恩赐便是宁静。

南乔治亚岛戈尔德海港的海滩上，企鹅摇摆着从象海豹身边走过，跃入拍岸的惊涛之中

年轻的漂泊信天翁于一片葱郁的草丛中张开巨大的翅膀求爱

一群帽带企鹅停留在一座平顶冰山的边缘

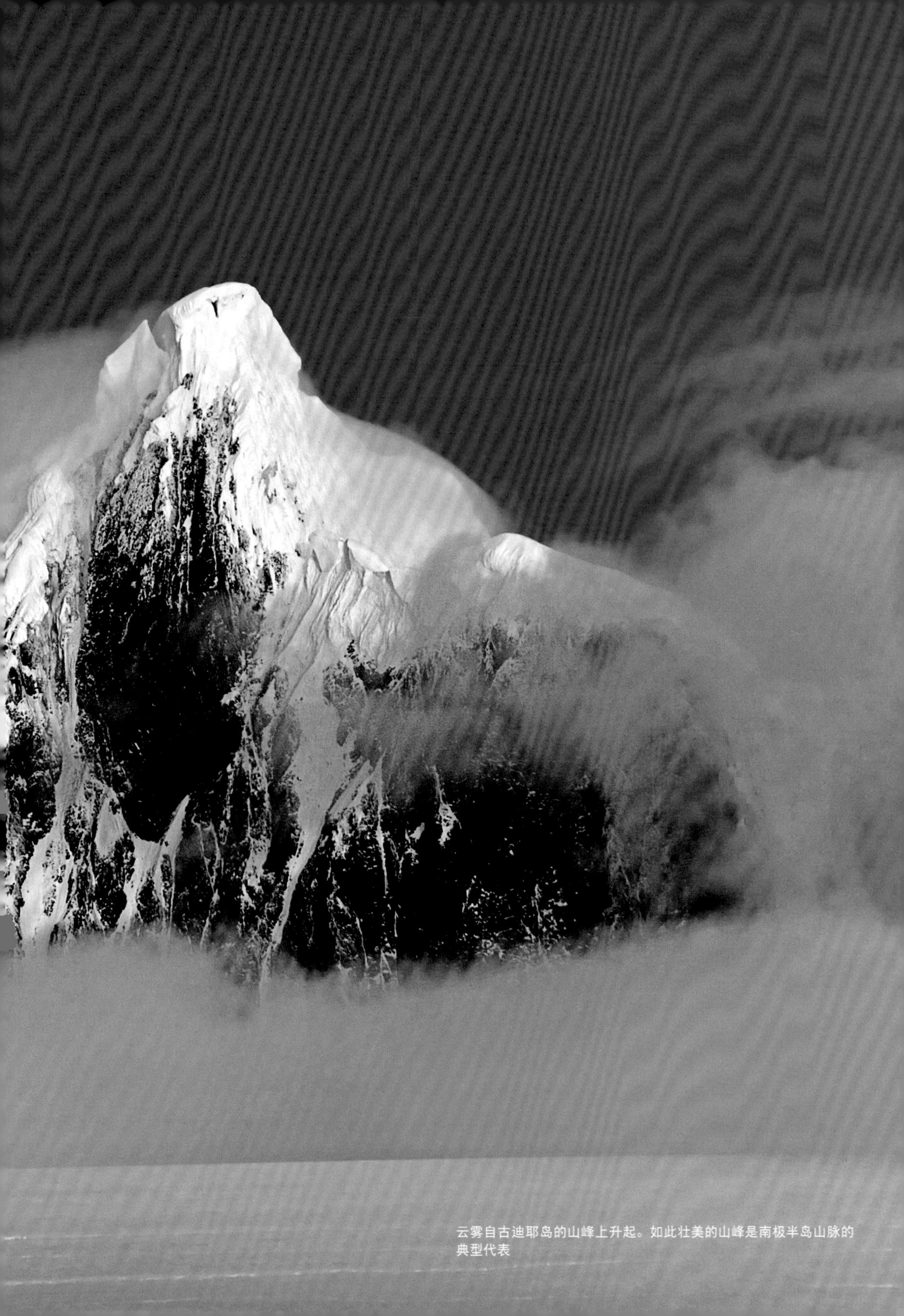

云雾自古迪耶岛的山峰上升起。如此壮美的山峰是南极半岛山脉的典型代表

01

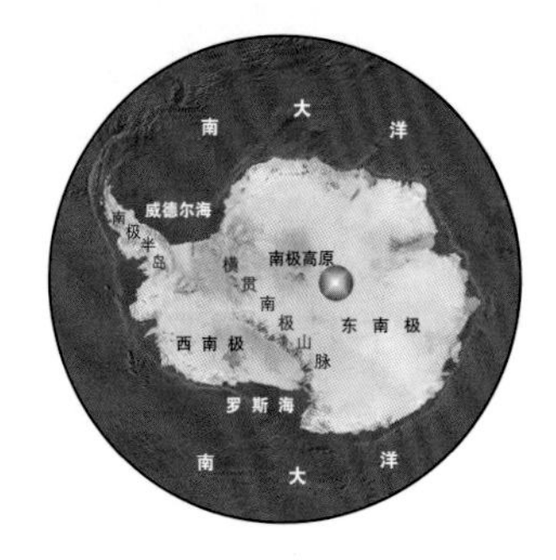

南极高原上被称作“冰原岛峰”的岩峰破冰而出

The Polar Plateau 南极高原

南极洲内陆的辽阔超乎想象。它主要分为两大区域——东南极冰盖（East Antarctic Ice Sheet）和西南极冰盖（West Antarctic Ice Sheet）。前者幅员辽阔且海拔很高，后者面积较小且海拔较低，二者共同组成了众所周知的南极高原（Polar Plateau）。这片冰之荒漠方圆1400万平方千米，中心是位于南纬90度的南极点（South Geographic Pole）（不要与南磁极South Magnetic Pole或南地磁极South Geomagnetic Pole相混淆）。对人类而言，掌握该地当今气候变化机制与速度是非常必要的。人们通过多处钻探在南极高原获取了大量且全面的冰芯样品。冰芯不仅详细地记录了该地过去的气候变化和其他自然事件，如火山喷发，而且还记录了人类的活动，包括北半球的核爆炸以及空气污染。南极高原是世界上环境最为严酷的地域之一，也可能是最后一块真正的洪荒之地，因为这里杳无人烟，没有任何永久性居民。

有记录显示，南极高原的最高海拔接近5000米，平均海拔约2300米。这片冰之荒漠，雪水当量（指陆地上的冰雪全部融化成水的厚度）仅有2厘米，偶尔会有粉末状的细簌雪花飘落。但是它却拥有全世界75%的淡水储量。由于冰层从未融化过，降

埃尔斯沃思山脉拥有南极洲最高的
山峰

雪逐年累积，而后雪层渐次发生变化，凝结成冰。在深层压力的作用下，冰体如同融化的塑胶受重力驱使缓缓地流向海岸。冰体从南极高原直抵东南极洲海岸，一路畅通无阻，并在此过程中形成了诸多冰川。世界上最大的冰川——兰伯特冰川（Lambert Glacier）便是其中之一。

兰伯特冰川块头大，势头猛，流动速度也快，在与海洋交汇处形成浮动的埃默里冰架（Amery Ice Shelf），亦成为众多冰山的主要发源地。与之相对的是横贯南极山脉切割南极大陆而形成的天然屏障。这座高4000米的山之屏障有力地拦截了大量冰川，阻止其继续西移。然而，冰川最终突围，缓缓流向海边，聚结成庞大的罗斯冰架（Ross Ice Shelf）。

南极洲被视为地球上平均海拔最高的大陆，但是南极点（海拔2835米）并不是南极高原最高的部分。南极洲有为数众多的冰穹，其中位于东南极洲中心附近（大约南纬80度）的一个，海拔就超过了4000米。相对而言，西南极洲冰原的高度虽然略低，海拔亦有2000米。在某些区域，冰体从这些高高的冰穹上游走流向内陆或海边，形成冰流。每条冰流都有其独特的流动模式（目前已被多个研究所研究）。

南极高原终年狂风肆虐，寒冷严酷，以一种无情的严苛考验着人类的耐力，而人的耐力往往难以承受。事实上，这里几乎没有任何动物的迹象，只是偶尔会有大贼鸥从空中掠过。南极高原空气湿度几近于零，飘落的雪花干燥且细腻，像滑石粉一样，并且不会融化，只是被风吹散，经年累月堆积成为密实的雪状垄脊，称为风吹雪垅（sastrugi）。风吹雪垅表面的波纹常如混凝土般坚硬，甚至可以轻易将飞机的滑雪板或雪地车的重型履带划破。在南极高原的低温环境下维修机械或保养建筑，要遵循特定的规范，因为那将是毕生难忘的艰苦经历，甚至还有潜在的生命危险。

南极高原疾风肆虐，冰雪干冷，一片荒芜。这里年均降雪量只有2厘米。落雪在暴风的吹打下，形成一种坚硬的垄脊，称为风吹雪垅

美国的阿蒙森-斯科特南极站夏季的平均气温可低至-21℃，而到了冬天更会跌落到令人失去知觉的-61℃。由于南极点位于高原的中央，几乎接收不到来自低角度太阳的暖意，其温度比北极要低很多。北极则位于海平面，北冰洋就像热储器一样发挥着作用。南半球的夏日，阳光普照，持续不断；而从3月底到9月末，太阳则会完全消遁。

南极点并不是南极洲最冷的地方，俄罗斯的东方站记录到的最低温度为-89℃，已至极限。东方站位于东南极洲，海拔为3488米。在1987年7月间，这里的温度一直在-72℃以下。东方站近邻“难达之极”（Pole of Inaccessibility）（离海岸线最远的地方），极具吸引力。1957年国际地球物理年期间，苏联科学家建立了东方站。迄今为止，俄罗斯、美国和法国的科学家们在这里共同完成了极具科研价值的完整记录。这里同样非常接近南地磁极（南半球的地磁极），从而成为研究地磁场变化的最佳地点之一。如果将地球比作一个条形的偶极磁铁，那么地磁极就是磁轴与表面的两个交点。由于地球并非一个完美的偶极磁体，而且磁场处于不断的变化之中，因此南地磁极并不会与其“闲逛”的表亲——南磁极巧遇。南磁极位于南极圈（Antarctic Circle）内，在阿黛利地（Terre Adelie Land）沿岸不远的海洋里。

东方站位于3700米厚的冰层之上。在其深达数千米的重重冰层下，靠近基岩处出现了一个液态淡水湖，即东方湖（Lake Vostok）。东方湖发现于1996年，可能是南极洲最大的冰下湖。如今共有约70个冰下湖分布于东南极洲的冰层下。尽管人们急欲钻探冰层以研究这片14 000平方千米的古老的冰下湖水域，进而探索那些可能存在的未知生物，但是由于这种行为会造成湖水污染，因而一直备受争议。到2010年为止，俄罗斯人的钻探活动已被劝止。他们虽未穿透冰面，也已深钻至距离湖面130米的层位。即便如此，通过对取自东方站地下的冰芯中的氧及其他气体同位素的研究，回溯过去42万年间所历经的4个冰期亦成为可能。

南极高原是一个天然的陨石储藏库。每隔一段时间，陨石雨就会从外太空光临地球。一般情况下，陨石会以相同的概率坠落到地球的各个角落，其中大部分落入海里，或被埋入土中，或散落于其他的岩石之间。然而在南极洲，降落到南极高原上的陨石会被积雪掩埋，并嵌入冰层里。随着冰体的移动，陨石会被携带到其他地方。

冰体被山脉阻拦时会逐渐堆叠。若陨石周围的冰雪气化，它们就能重见天日。在过去的30年间，人们发现，有数以千计的陨石散落在冰层表面的不同

位置，但全部处于南极高原的边界区域。

南极高原是研究天文学及其他高层大气物理学的上佳之地，因为这里海拔极高，有纯净且相对稳定的大气、漫长且黑暗的冬季以及缤纷夺目的南极光。

为了深入研究南极，美国人第三次重建了阿蒙森-斯科特南极极点站。虽然在南纬90度的地方工作、生活费用高昂，可较之在宇宙飞船上做等量的工作，这里就要便宜许多了。其他的内陆科考站同样在高层大气研究项目中取得了激动人心的进展，比如协和站（Concordia Station）。意大利与法国合建的协和站（2005年投入全年使用）位于南纬75度，与东南极的冰穹C（Dome C）相邻。2007—2008年是第4次国际极地年（International Polar Year，前3次分别是1882—1883年、1932—1933年、1957—1958年），在此期间，人们对两极地区展开了进一步的深入研究。

在日新月异的21世纪，南极高原对于人类来说，依旧是最具挑战性且最宝贵的天然实验室。它打开了一扇窗，让人类看到了过去的天地变迁，同时教导我们今后如何善待地球。传说中，地球是温纯美丽的水行星，也是莹润光洁的冰行星。而从太空俯视，南极高原好似神奇的灯塔，散发着耀眼的光芒。

5—10月正值南极黑夜漫漫的长冬，这时最常见的就是南极光。它是因高速移动的带电微粒发生电离现象而产生的。新建的美国阿蒙森-斯科特科考站位于南极点，海拔2835米，与极光相互辉映

02

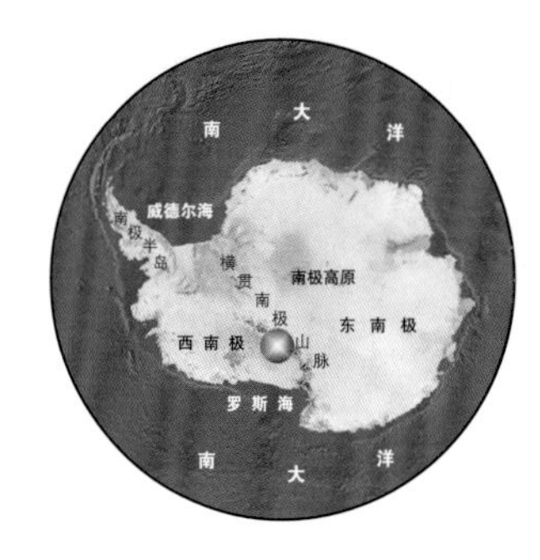

The Transantarctic Mountains
横贯南极山脉

横贯南极山脉是整个南极大陆最为突出的地貌之一。它从罗斯海（Ross Sea）岸北维多利亚地（North Victoria Land）的前端耸起，一路向南，绵延起伏3000千米。其上诸峰多由参差不齐的砂岩、粒玄岩及花岗岩构成。这列山脉连绵不断，距南极点600千米之遥；而南极高原的冰盖亦在此隆起，与之相会。同时，人们把横贯南极山脉在威德尔海（Weddell Sea）边拔地倚天的区域，称作埃尔斯沃思山脉（Ellsworth Mountains），其上矗立着南极洲的第一高峰——文森山（4897米）。埃尔斯沃思山脉与南极半岛山脉的起点非常接近。横贯南极山脉将南极大陆一分为二，即魁伟辽阔的东南极冰盖和稍逊一筹的西南极冰盖，后者包括南极半岛。

按照喜马拉雅山或安第斯山的标准来看，横贯南极山脉算不上高峻，可是其在罗斯海沿岸的一些山峰亦高4000米，宏伟不亚于地球上任何一座山。由于崛起自风暴狂袭、冰川散布的洪荒大洋，横贯南极山脉诸峰陡峭，壁立千仞，明托山（Mt. Minto）和赫歇尔山（Mt. Herschel）是其中的典型。在这样的崇山峻岭中遭遇风暴，会顿感自身的卑微渺小。而在

卡利冰川（Calley Glacier）四周的山峰尖锐锋利，是横贯南极山脉的典型代表。南维多利亚地皇家学会岭的山峰则巍然高耸，海拔超过4000米

俯瞰位于艾伯特亲王山脉的坎贝尔冰川，其上裂隙深布

横贯南极山脉的山脊为冰雪所覆盖，登山者在其上艰难跋涉。在20世纪60年代初，新西兰和美国的实地研究团体就开始攀登这里的众多山峰，并将其作为科研工作不可或缺的一部分

凯芬山是一座引人注目的岩石巨塔。它位于横贯南极山脉的中央，毗邻比德莫尔冰川的发源地

山顶遭遇低温，会倍受重创，因为在这里-40℃的气温是极为常见的。任何敢于踏入此地的人，都会被卷入极大的危险之中。笼罩一切的远寂和荒凉保护了这里，并赋予其独特的魅力，成就了独一无二的横贯南极山脉。

继续向南，太阳在午夜时分依然闪耀，与罗斯岛（Ross Island）遥遥相对。隐约之中，皇家学会岭上恢宏的梭堡显现了出来。在皇家学会岭的幽寂之处，是干谷犹如月球表面一般的地貌，这可能是南极最怪诞的地方了。这里的最高峰是利斯特山（Mt. Lister），海拔4012米。其他诸峰，如哈金斯山（Mt. Huggins）、萨连特山（Mt. Salient）、胡克山（Mt. Hooker）及鲁克山（Mt. Rucker），则稍显矮小，孤寂地沿着山脊纵横分布。群山附近还坐落着两座古老的休眠火山，即黎明号山（Mt. Morning，2723米）和发现号山（Mt. Discovery，2680米）。它们伫立在此已300万年，护卫着罗斯冰架（Ross Ice Shelf）。罗斯冰架是一块巨大而平坦的冰筏，冰体最厚处600米，浩渺恢宏，一直延伸到地平线的最南端。罗斯冰架由冰川的冰流组成，这些冰流自南极高原流出，向着大海缓缓前行，在途经横贯南极山脉时，集结成为冰架。穿越麦克默多海峡（McMurdo Sound），

横贯南极山脉从特拉诺瓦湾的身后拔地而起

在罗斯岛的背面，坐落着一座有100万年历史的活火山，即埃里伯斯山（Mt. Erebus），海拔3795米。它那相对年轻的火山岩，与横贯南极山脉上古老的岩石相映成趣，让当地的地质历史更为复杂玄奥。在横贯南极山脉的南麓，矗立着几座山峰，包括米勒山（Mt. Miller，4160米）、马克姆山（Mt. Markham，4350米）及柯克帕特里克山（Mt. Kirkpatrick，4528米）。虽然早已有人登顶，可是来自新西兰的地质学家和美国南极科考队的队员们却很少光临这些山峰。在横贯南极山脉水平分层的砂岩层内，贝壳、树桩、舌羊齿树叶及花粉的化石陆续被发现。这是早期南半球的超级大陆——冈瓦纳古陆（Gondwana Land）气候曾经温暖的证据。

流经横贯南极山脉最为有名的冰川，是比德莫尔冰川（Beardmore Glacier）。1908—1909年，欧内斯特·沙克尔顿率领英国南极探险队进行科学探险时发现了它。事实证明，这条冰川是进入南极高原的合理途径，是南极洲的关隘。1911—1912年，斯科特船长探险南极，同样走了这条路。虽然那是一次不幸而悲惨的经历，可值得注意的是，他们曾尝试着利用矮种马拖拉载重的雪橇，穿越冰川裂隙和冰层斜坡。其他的大型冰川，还有达尔文（Darwin）冰川、斯凯尔顿（Skelton）冰川、沙克尔顿（Shackleton）冰川、伯德（Byrd）冰川、猎人号（Nimrod）冰川及阿克塞尔·海伯格（Axel Heiberg）冰川（1911年，罗尔德·阿蒙森前往南极，路经这条冰川）。它们引导着大量的冰体进入罗斯冰架。

一个孤独的人影在著名的干谷内被阿斯加德岭巨大的冰川反衬得愈发渺小

午夜太阳照亮了赫歇尔山的山脊

03

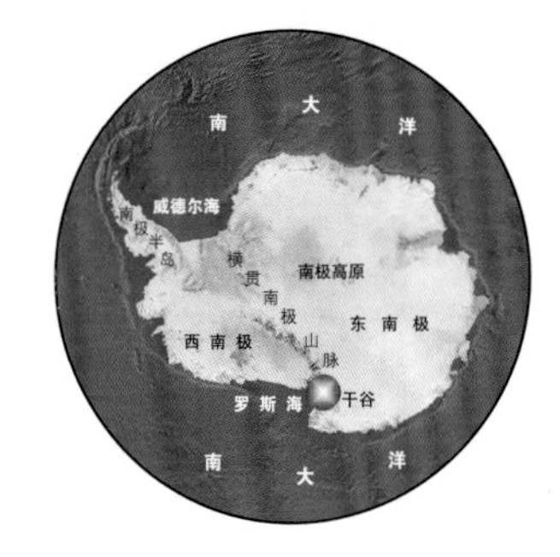

The Dry Valleys 干谷

在横贯南极山脉的核心位置，隐藏着一条幽寂的山谷——干谷。干谷位于南维多利亚地，是南极洲一处最为独特的美景。南极大陆98%的表面被厚厚的冰雪所覆盖，剩余2%的裸露地主要分布在罗斯海附近的几个著名的山谷中以及东南极洲鲜为人知的几个丘陵里，如邦杰丘陵（Bunger Hills）、拉斯曼丘陵（Larseman Hills）、西福尔丘陵（Vestfold Hills）。山谷常被比作"沙漠里的绿洲"，因为在过去的1400万年间，这里实际上是无冰之地，看上去与四周辽阔的冰漠完全不同。南极冰层的眩光无情地直刺双眼，而在干谷却感觉相对舒适。同样，这里蜂巢般的岩石山峰、宽广的碎石斜坡、因冻胀而形成的多边马赛克似的土壤纹形，与其他地方坍塌的冰川残留形成的地貌大相径庭。仲夏时节，有那么短短的几个星期，这里甚至会有流水汇成缓缓淌过的小河。来到此地的人们会被干谷内绚丽的阳光所触动，感受到一种平和与宁静。

干谷的年降雪量不超过100毫米。由于空气过于干燥，降雪几乎全部都会转化为水蒸气，直接返回大气层中。山谷干冷，呈现出犹如月球表面一般的外貌。在这里，只有少量的细菌、地衣和藻类可以存活。它们常常藏身于隐蔽的小生态环境中，并非一眼

俯瞰泰勒干谷内的芬格山，乳黄色的比肯砂岩中间夹了几层黑色玄武岩

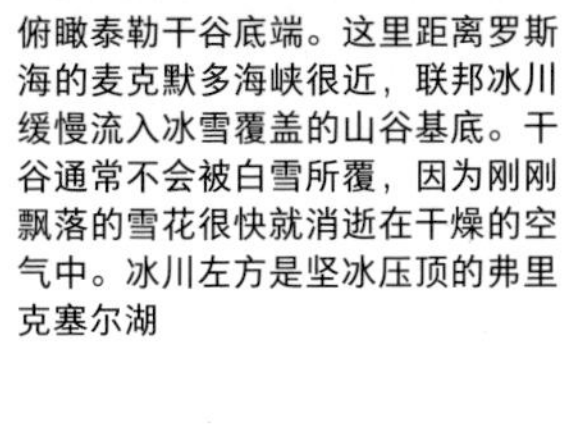

俯瞰泰勒干谷底端。这里距离罗斯海的麦克默多海峡很近，联邦冰川缓慢流入冰雪覆盖的山谷基底。干谷通常不会被白雪所覆，因为刚刚飘落的雪花很快就消逝在干燥的空气中。冰川左方是坚冰压顶的弗里克塞尔湖

得见。那些基底干凝的冰川会从干谷的山坡上缓缓滑落，好像冻结一般。夏季，有极少的水自冰舌上融化，滋润了冻结许久的湖泊。

由横贯南极山脉隆起而形成的干谷，如同一个水坝式的屏障，拦截住了来自海拔2500米南极高原的冰体。在由地表空气密度不同而形成的驱动力的作用下，下降风自高原直袭山谷，怒扫遇到的所有障碍，不仅使沿途的一切变得无比干燥，还无情地侵蚀岩石，将其雕琢成匪夷所思的怪异造型。这样的岩石叫作风棱石。虽然寒风刺骨，暴虐不息，可是依然会有一段风势暂缓的时光，让山谷可以获得些许的

宁静。盛夏时节，气温会攀升到温和的10℃，而4—9月则陷入漫长而黑暗的严冬，气温急转直下，降至-50℃，凛冽刺骨。

1903年，由斯科特船长率领的雪橇队发现了干谷，深深为其着迷。这不仅因为它具有恢宏的美景，还因为它能为地质学家提供一条接近外露岩层的便捷途径。从20世纪50年代末期的国际地球物理年开始，人们在谷中进行了细致详尽的科学探索，而且从未松懈，部分是因为这里靠近新西兰与美国共同建在罗斯岛上的科考基地。罗斯岛距干谷大概只有80千米远，穿越麦克默多海峡即可抵达。地质学家对砂岩和粗粒玄武岩的隆起进行了详尽的研究，仔细分析了含半成熟煤炭的沉积物，并收集了各类化石，尤其是弗莱明山（Mt. Fleming）的硅化木。生物学家亦为那些奇妙的石内地衣而着迷。它们竭力维持，勉强寄身于岩石表面下的首层结晶层中。生物学家们同样分析研究了栖身于湖底淤泥厚垫上的蓝藻。最为引人瞩目的是，化学家们发现了一种新的矿物——南极石。这种独特的碳酸盐结晶（calcium salt crystal）能使小型湖泊不结冰，唐胡安池（Don Juan Pond）就是其中一例。

赖特干谷内的万达湖，冰厚3米

干谷主要由3个东西走向的山谷构成，即泰勒谷（Taylor Valley，以斯科特探险队中的地质学家格里菲斯·泰勒的姓氏命名）、赖特谷（Wright Valley，以另一位地质学家查尔斯·赖特的姓氏命名）和维多利亚谷（Victoria Valley）。它们彼此平行，并被阿斯加德岭（Asgard Range）和奥林普斯岭（Olympus Range）的塔状山峰隔开。谷区最大的冰川位于泰勒谷内。在泰勒谷的最西端，南极高原的冰体突破山脉的阻挡，冰川顺着山谷下泻。在泰勒谷口，魁伟的山峰前面是一片极富研究价值的沉静湖水——邦尼湖（Lake Bonney）。而面积较小的弗里克塞尔湖（Fryxell Lake）和霍尔湖（Hore Lake）离大海更近。在那里，空旷的山谷逐渐开阔起来。

与泰勒谷毗邻的是赖特谷。一列强劲的冰瀑——阿尔德夫荣西克斯冰瀑（Airdevronsix Icefalls），轰然跌入山谷前端，流过极短的距离后，遽然消失于拉比林斯高地（Labyrinth）的入口。拉比林斯高地是小型山谷群，错综复杂，宛若迷宫，到处林立着被山风侵蚀的红色岩石。在拉比林斯高地的终端，赖特谷再次变得豁然开朗。山谷的尽头隐藏着唐胡安池。它位于广阔、神秘的万达湖（Lake Vanda）的上游。

万达湖的冰层表面呈现一种精致的花边状网格裂纹。纹路向下延伸，逐渐消失在3米厚的蓝冰内。覆盖的冰层如同一个巨大的放大镜，持续不断地吸收并汇聚着太阳光。凝聚起来的能量温暖了这片宁静而层次分明的湖水，使湖面温度达到了0℃，湖底70米处的温度达到25℃。盛夏时节，万达湖的周边形成狭长的融水河，即奥尼克斯河（Onyx River），这条短命的季节河向内陆流动30千米到达赖特谷后完全注入万达湖内。在万达湖、低矮的赖特谷及周边的山谷分布着大量的威德尔海豹和食蟹海豹的尸体，场面诡异而可怕。这些海豹不知何故离开了麦克默多海峡，迷失了方向，漂泊至此。在它们死后的几百年间，由于气候原因，大多数海豹的尸体被保存下来，逐渐变得干瘪僵硬，完全是木乃伊的模样。

在赖特谷以北，坐落着优雅的维多利亚谷。它可能是干谷中最为诗情画意的所在。这里人迹罕至，即便是政府派出的科学家也很少光顾。这是因为《南极条约》制定了严格的环境保护标准，列出了“特殊科学价值地点”和“特别保护区”。野外人员的行为受到严格的限制，他们要尽可能消除工作及居所遗留下来的痕迹，包括丢弃的废弃物，以便把对环境的影响降到最低。任何轮式交通工具都不允许进入干谷内，只有直升机才能往返一些特殊地点。这里被描述为阳光充沛、温暖舒适，以其宜居宜人而广为人知。新西兰人曾在湖边建了一个小型的夏季科考基地——万达站（20世纪60年代到70年代之间，3支新西兰科考队曾在此过冬）。然而，随着湖水在20世纪80年代有所上升，基地根据环境策略对建筑做了相应的转移。

由于拥有丰富的动植物资源及狂野荒凉的山川，南乔治亚岛被视为南极地区皇冠上的钻石。尽管如此，位于维多利亚地的干谷与之相比也毫不逊色。干谷极端的自然气候使它成为地球上迄今为止最接近外星环境的地区。所有涉险而来的访客都会由衷地赞叹它神奇的原始之美。

飞越南维多利亚地的干谷是一种激动人心的经历。比肯谷与著名的泰勒谷互为近邻。一场初雪使黑色玄武岩和浅色比肯砂岩岩层交错的地貌异常显眼

比肯干谷内，薄雪凸显了石冰川奇特的流径线

俯瞰横贯南极山脉比肯干谷内的石漠

04

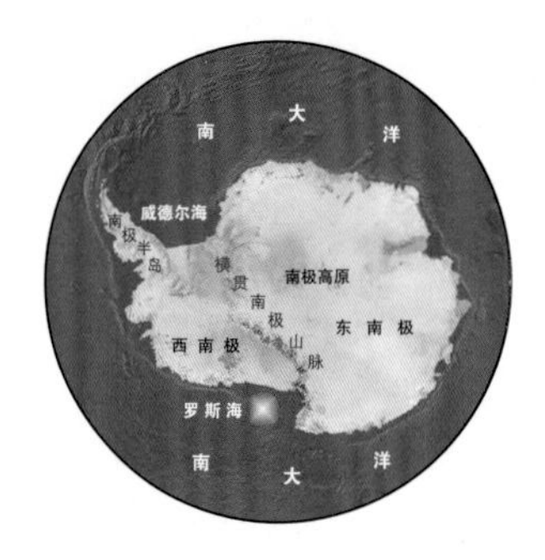

一只企鹅在被风侵蚀的冰山上孤独前行

The Ross Sea Region
罗斯海

从新西兰出发一路向南，途经宏伟的亚南极群岛（Subantarctic Islands），进入罗斯海。这一段冒险之旅，可以将你带入南极洲真正的中心。罗斯海蕴含着一种纯粹的天然美，是南极令人惊叹的胜地之一。这一片海域绝对宁静，仲夏时节，温暖和煦；然而转瞬之间，也许就变成了南大洋最为狂虐的地方。在罗斯海经常会遭遇滔天的巨浪、厚重的浮冰、猛烈的暴风雪以及严酷的低温。这时，水手们需要专心致志并满怀敬畏才能安然渡过。对于早期的海豹捕猎船来说，从罗斯海以北那些杂乱交错的浮冰中穿行，很可能陷入无法想象的困境。尤其是当时的船舶都没有引擎，会使路途更为艰险。

1842年，英国人詹姆斯·克拉克·罗斯不顾海豹捕猎者此行危险的预言，率领两条帆船从澳大利亚霍巴特（Hobart）出发，成功地穿越重重浮冰，进入那一片现在以他的姓氏命名的海域——罗斯海。罗斯曾经到达过北磁极（North Magnetic Pole），因此下定决心要在地球的另一端——南极洲做相同的磁力观测。结果他在这里备受打击。他的探测仪器显示，南磁极位于坚冰遍布、险峰（横贯南极山脉）高耸的遥远海岸。如果罗斯现在依然在海上航行的话，他

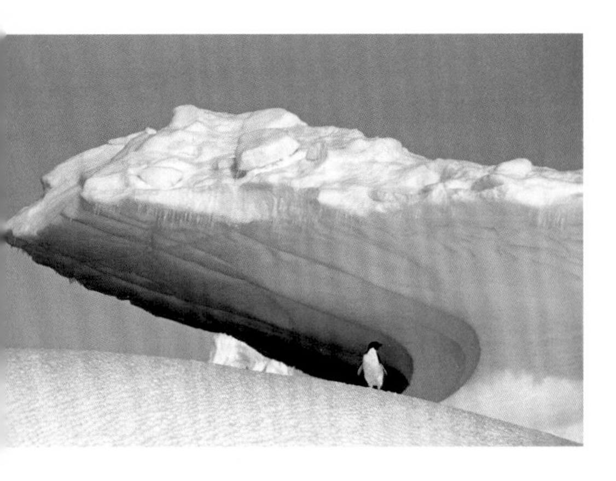

一条小冰川缓缓流向南维多利亚地的海岸

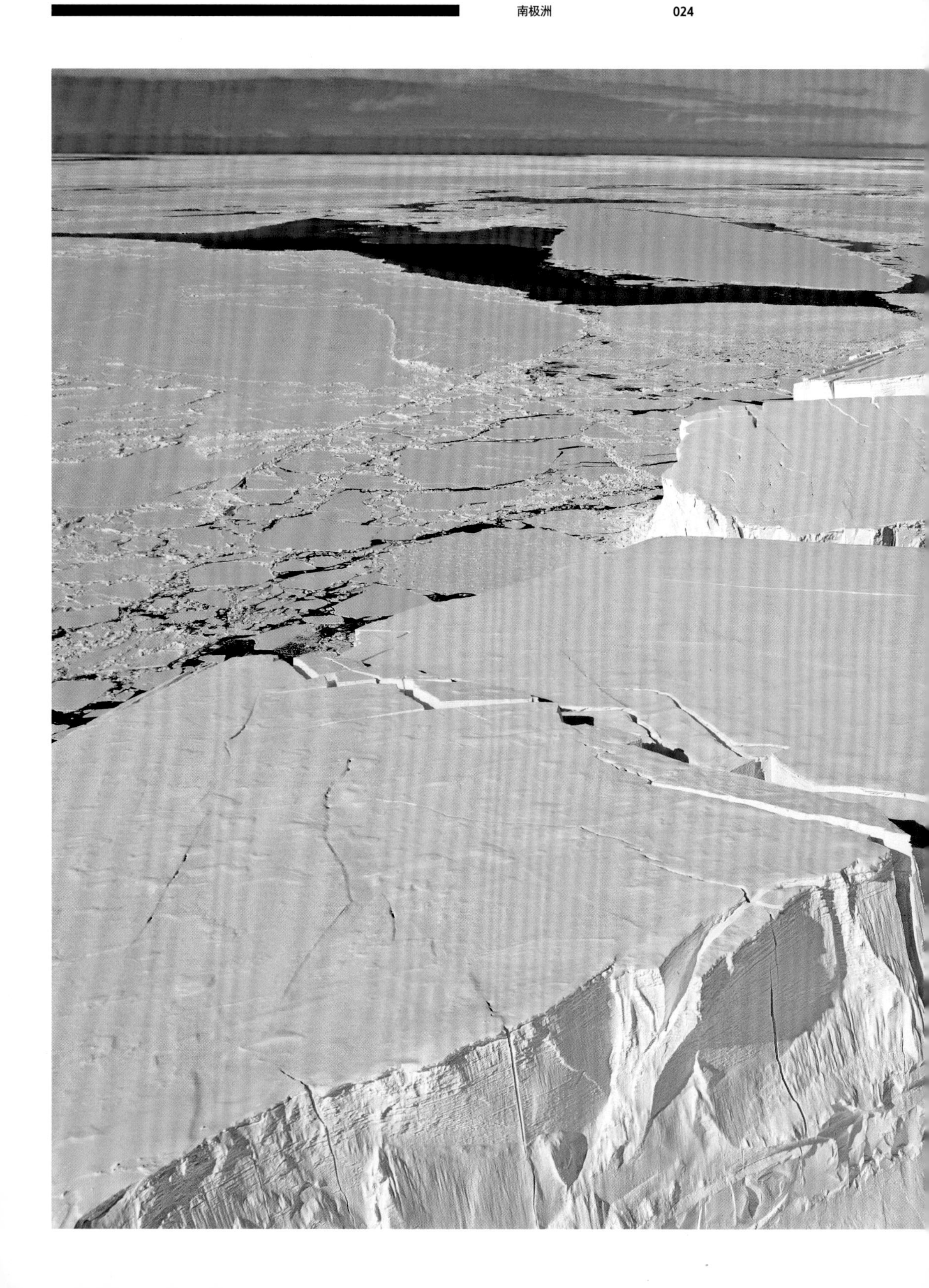

就可以直达南磁极了。因为在过去的170年间，这个“漫游极点”发生了明显的移动，现在就停留在离东南极洲海岸的不远处，与法国迪蒙·迪维尔科考站接近。

罗斯按照与横贯南极山脉平行的路线向南航行，在几乎到达南纬78度时，惊奇地发现有两座火山挡住前路。他用他的考察船的名字分别将它们命名为埃里伯斯山（Erebus）和恐怖山（Terror），而他们登陆的岛屿就是人们所熟知的罗斯岛（新西兰的斯科特基地和美国的麦克默多站都坐落于此）。埃里伯斯活火山是一个具有重大意义的地质发现。罗斯转航向东行驶，发现罗斯岛与一片广袤平坦的冰体相连，那就是范围直迄地平线的罗斯冰架，它是南行之路上不可逾越的障碍。毫无疑问，罗斯的发现有助于绘制南极洲的轮廓图，并且为60年后“英雄时代”的陆上探险铺平了道路。从20世纪早期开始，斯科特船长和欧内斯特·沙克尔顿船长便以罗斯岛为基地，不断向南极点发起冲击。

在罗斯海的最南端，最先看到的陆地是北维多利亚地的阿代尔角（Cape Adare）。这片地域被狂风肆意蹂躏，处于巨浪的撞击和冰块的搅扰之中。1898年，由挪威人卡斯滕斯·博克格雷温克（Carstens Borchgrevink）率领的英国南极探险队在阿代尔角的里德利滩（Ridley Beach）建立了南极大陆上第一座越冬科考站。阿代尔角是阿德利企鹅的理想家园，大概有10万对企鹅在这里搭建巢窝，繁育后代。它们的安乐窝分布在裸露的岩石上，一直蔓延到罗伯逊湾（Robertson Bay）的岬角。

从阿代尔角向南极目远眺，可以看到气势如虹、绵延3000千米的横贯南极山脉。它从南极点旁侧过，逐渐消失在南极高原的尽头，那里是南极大陆的另一端，靠近威德尔海和南极半岛。横贯南极山脉中的巨大冰川滑入罗斯海，伸向更远处，蔓延而成罗斯冰架。

一座来自罗斯冰架的巨型平顶冰山裂变为几座小冰山，逐渐向北漂去

明托山海拔达4163米，俯视着横贯南极山脉以北的阿德默勒尔蒂岭（Admiralty Range）。赫歇尔山在其一侧，尖峰上坚冰如铁，虽然山势略矮，却更为优雅。莫布雷湾（Moubray Bay）和哈利特角（Cape Hallett）位于赫歇尔山的山脚下，是阿德利企鹅的另一处大型营巢地。在哈利特角上，一度建有美国和新西兰的联合基地，这个基地最终毁于一场大火，成为废墟。如今，这里已被列为“特别保护区”，曾经荒弃的土地上又长出了柔弱纤小的苔藓。

罗斯海地区有3处帝企鹅的繁殖地，即库尔曼岛（Coulman Island）、华盛顿角（Cape Washington）、克罗泽角（Cape Crozier）。库尔曼岛在哈利特角之南100海里处，华盛顿角位于罗斯海岸中段、墨尔本活火山（Mt. Melbourne）的山脚下，克罗泽角远在罗斯岛的最东端。帝企鹅与众不同的生命周期在这些地方精彩呈现，它们谱写了一段关于坚韧和承诺的不朽传奇——雄企鹅会将企鹅蛋放在自己的脚爪上慢慢孵化，并以这种坚守的姿态，在最黑暗的长冬，静待出去觅食的伴侣归来。

帝企鹅从不建巢，只是简单地将蛋放置在脚爪上。它们会表现出极强的团队精神，上百只簇拥在一起，形成一道防风墙，借此来获得温暖，并保护企鹅蛋及孵育中的幼崽。在此期间，雌企鹅在海上捕食鱼和磷虾。当春日来临，雌企鹅会带着食物返回营巢地，从早已憔悴不堪的雄企鹅手中接过养育孩子的重任。企鹅的繁衍生息往往命悬一线，因为一场横扫海冰的冬日风雪就能夺去几乎所有企鹅幼崽的生命。帝企鹅喇叭一样的叫声十分独特，在南极的旷野久久萦绕。

矮小而坚韧的阿德利企鹅在严格意义上属于夏日繁殖物种，生命周期同样引人瞩目。像所有的企鹅一样，阿德利企鹅具有海鸟的特质，即在夏季到岸边繁育后代。阿德利企鹅种群兴旺，遍布罗斯海岸以及罗斯岛以北的富兰克林岛。南极大陆最偏南的阿德利企鹅营巢地，位于罗斯岛上的罗伊兹角（南纬77度），毗邻沙克尔顿建于1908—1909年的探险基地。

整个冬季，阿德利企鹅都在海冰上休整，尽情享用着罗斯海中丰富的磷虾。在春寒刺骨的10月，阿

阿德利企鹅在水下游得极快，但是它们必须定期跃出水面换气

一群阿德利企鹅从冰山上冲入罗斯海

冬日的海冰上，一只小帝企鹅刚刚被孵化出来。企鹅爸爸喂养并温暖着它，直到企鹅妈妈从罗斯海带回更多的食物

德利企鹅开始自海中浮现。从10月中旬到10月末，它们成群结队地游向罗伊兹角，以腹部着地掠过几百英里的坚冰，寻找去年使用过的卵石巢。它们很快会找到上年的配偶，一起改造新家（通常会从邻居那里偷鹅卵石来筑巢），然后开始交配并孵育后代。当凶悍的风暴横扫麦克默多海峡时，小企鹅极易受到残害。当幸存下来的小企鹅慢慢长大时，它们会变得饥饿难耐、食欲旺盛。企鹅父母则忙着到处奔波，给孩子寻找食物。假如碰巧遇到海冰断裂，露出开放水域，那么企鹅的返乡之旅会更加顺畅一些。到2月末时，最后一批成年企鹅也离开了罗伊兹角准备在海上度过漫漫严冬。那些羽翼未丰的小企鹅极有可能在这场考验中丧命。

威德尔海豹是生活在地球最偏南的哺乳动物，大概也是栖息在罗斯海中最引人瞩目的动物。由于威德尔海豹会在罗斯岛周边及罗斯海沿岸度过整个寒冬，所以它们必须要保持穿过海冰的呼吸口通畅。而要做到这一点，就得用它们强壮有力的牙齿不断啃咬洞口边缘。威德尔海豹选择在10月上旬生育幼崽（罗斯海域有记录的最低温度为-54℃，数据来自罗斯岛的新西兰斯科特科考基地）。刚出生的海豹宝宝拥有一身光亮丝滑的灰色皮毛，吮吸着富含脂肪的乳汁，生长极快。成年的威德尔海豹具有一种惊人的能力——让肺部收缩空瘪，而将氧气储存在血液中。这种能力使得它能够在麦克默多海峡下潜600米，还能在完全漆黑的冰下迅速定位并捕食。它们的主要食物是莫森鳕鱼（Mawson cod），这是一种生活在水底的鱼类，每条重50～80千克。

罗斯海长久以来一直都是日本捕鲸船贪恋的猎捕区域。他们会在这里追杀成群的南极小须鲸。而如今捕鱼队会于每年夏季南下，捕捉那些更有利可图的莫森鳕鱼。莫森鳕鱼即是人们所熟知的南极犬齿鱼（Antarctic toothfish）。《南极条约》的签署国正在经受严峻的考验，它们要学习如何适当地管理捕猎行为。尤其是新西兰和澳大利亚，因为离罗斯海最近，所以更要担负起保护的职责。

罗斯海沿岸分布着几处帝企鹅的营巢地，分别位于库尔曼岛的罗热角、墨尔本山脚下的华盛顿角及克罗泽角

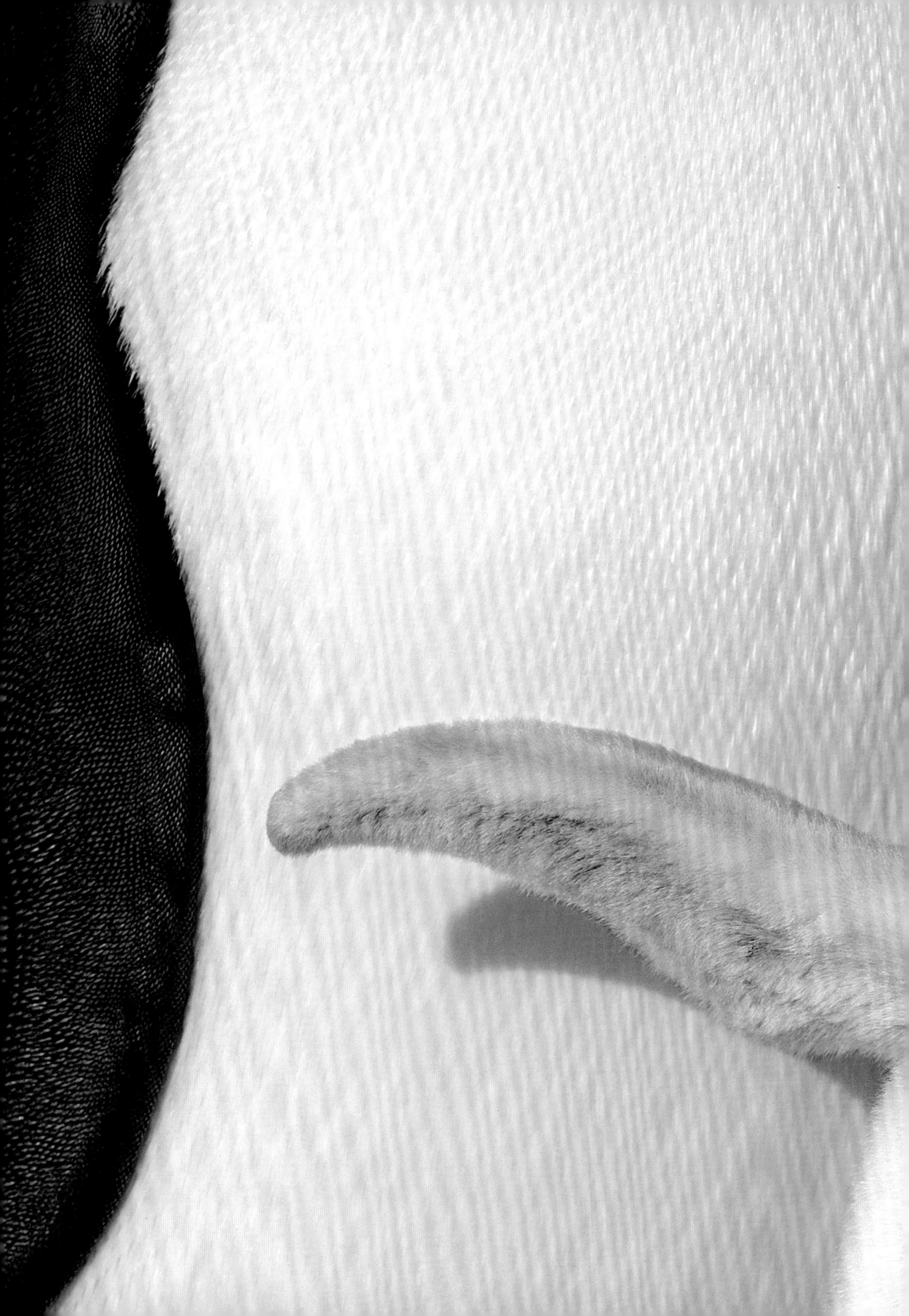

一只茁壮成长的小帝企鹅依偎在家人身旁，期待能得到更多的乌贼和磷虾

一股强劲的南风在罗斯冰架上方呼啸而过，将漂浮在麦克默多海峡的浮冰推送到罗斯海的中心

阿德利企鹅聚集在罗斯岛的罗伊兹角。它们即将返回罗斯海觅食

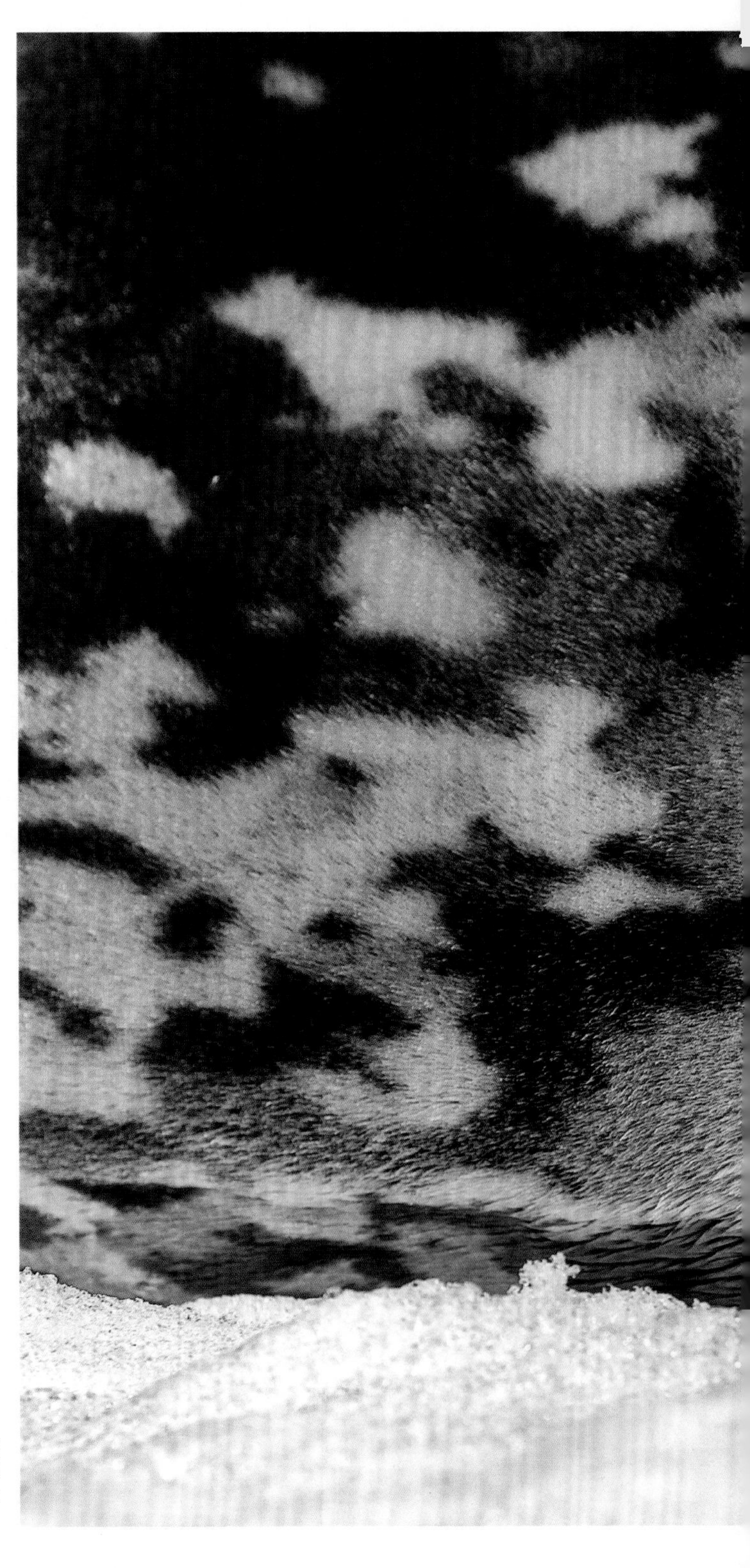

威德尔海豹是居住在南极洲沿岸的哺乳动物。大地回春时，海豹妈妈会在罗斯岛附近南纬77度的海冰上生下宝宝

一只南极小须鲸从麦克默多海峡的开阔水域内浮出。小须鲸通常会成群游弋，寻觅浮冰中的浮游生物

虎鲸是南极洲最凶猛、最可怕的食肉动物，主要以海豹或企鹅为食。图为一群虎鲸迅速地游过海冰中的通道

一艘破冰船在麦克默多海峡内穿越大块浮冰，开辟出一条航道。此刻，它正朝着罗斯岛上的美国—新西兰科考基地前进

05

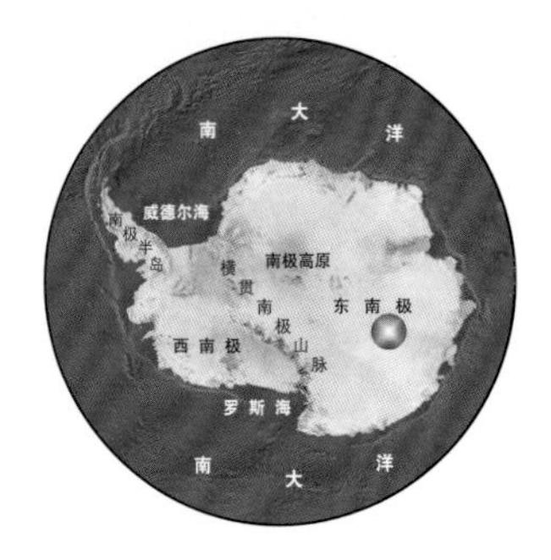

月亮几近圆满，悄然爬上冰山。海冰在东南极洲海岸环绕

East Antarctica
东南极洲

按照人类对“隔绝孤寂”的理解，衔接起玛丽·伯德地（Marie Byrd Land）与埃尔斯沃思地的西南极洲冰原边际的，应该是南极洲最为偏远荒凉的海岸线了。然而，事实上，几乎无人知晓的东南极洲的边际更为险恶孤闭、人迹罕至。这条海岸线长得惊人，绵延6000千米，封冻在坚硬的冰雪之下，其上东南极冰盖高高耸立。这一绝境常被唤作“南极深处”，或者被戏称为“遥远的边际”。东南极洲可谓南极洲沿海区域里环境最恶劣严酷的地方。这里的天气不一定是最寒冷的，但这里的暴风一定是最狂肆的。

东南极洲起自罗斯海滨北维多利亚地的阿代尔角，从南印度洋的南岸一路前行，直抵毛德皇后地（Dronning Maud Land）威德尔海的起点。这两点之间的海岸特别绵长，19世纪末20世纪初最早来此的探险家和科学家，不得不将其划成不同的区域，分别起名标注，只有这样，他们才能给予不同的地理描述，绘制出清晰的地图。这些地名依次为奥茨地（Oates Land）、阿黛利地（Terre Adelie Land）、威尔克斯地（Wilkes Land）、威廉二世地（Wilhelm II Land）、毛德皇后地。从中可以看出，它们分别是由英国人、澳大利亚人、美国人、德国人、挪威人

破晓时分，薄雾的波样云霭渐次明亮，倾洒在兰伯特冰川的边缘。兰伯特冰川是世界上最大的冰川，宽100千米，长400千米

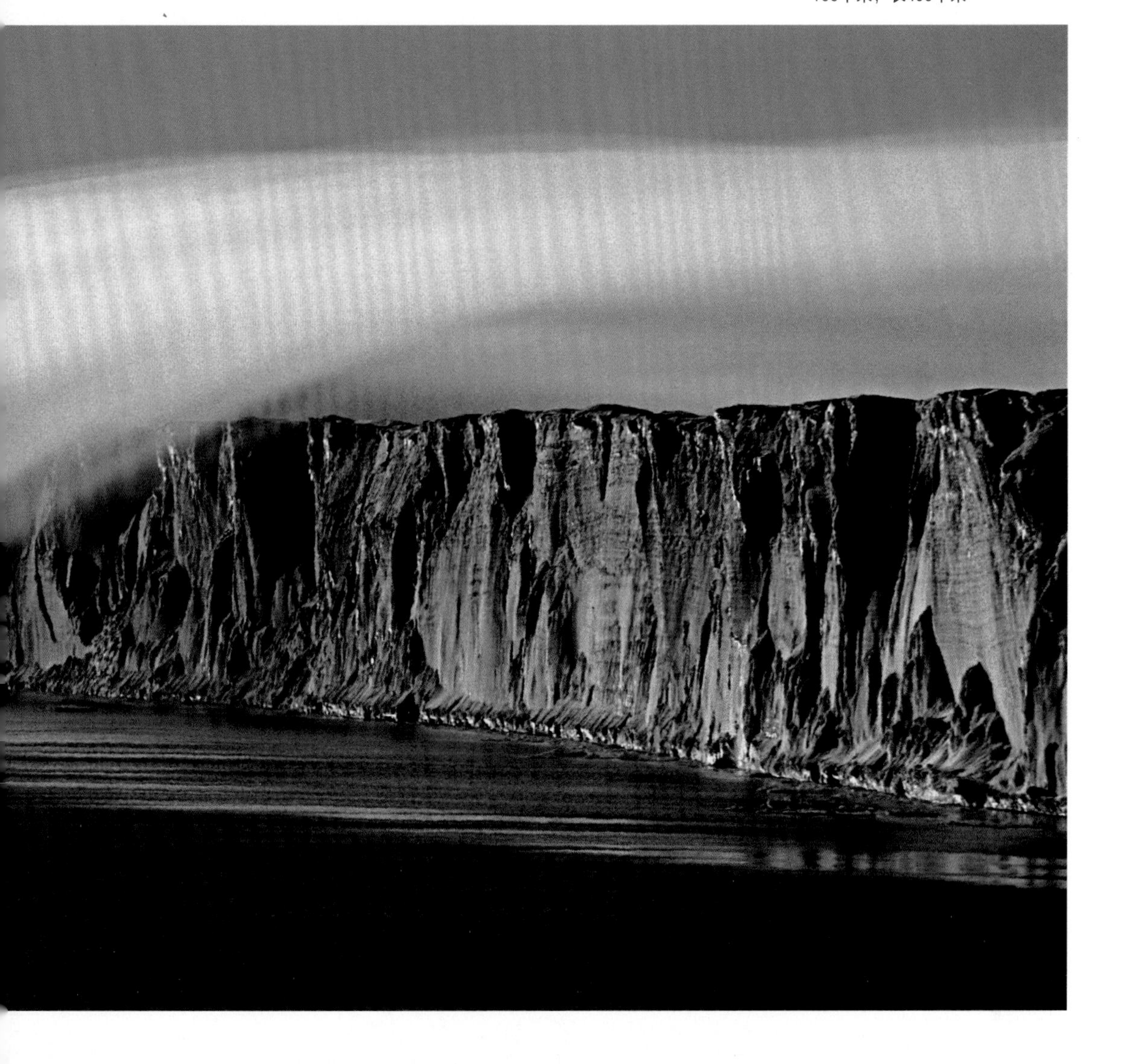

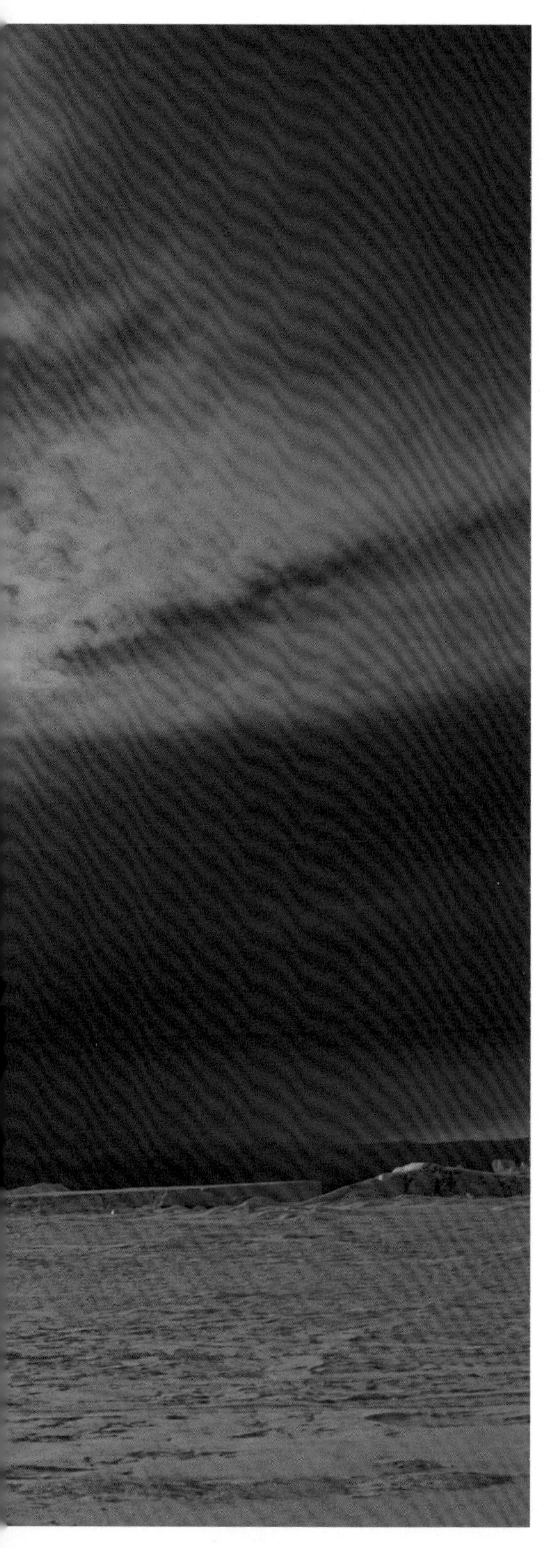

一只帝企鹅孤独地穿过浮冰，向着家园，茕茕前行

命名的。而它们被命名的那段时期，正是传颂至今的“英雄时代”。

围绕这片海岸进行的航行和探索，构成了一段错综复杂的南极历史，但这段历史早已淡出人们的视野。如今，东南极洲众多科研基地的运作成为焦点所在。法国、澳大利亚、印度、中国、南非、德国、日本、挪威以及俄罗斯均是出征阿代尔角的主力。然而要在此维持成年累月的探索和研究，就必须打造一条烦琐复杂、耗资巨大的供应链。每年，为了将燃料和食物运送到沿岸的科研基地，抗冰能力高强的船舶以及装备有滑雪橇的飞机，都要与南大洋变幻莫测的天气斗智斗勇，并且只能在夏季将物资从狭窄的窗口运送出去，因为仅仅这个时间段，海冰的温度才不那么低。

虽然《南极条约》已严格禁止任何国家对南极大陆提出领土要求，但是历史上，澳大利亚、挪威却将东南极洲大部分土地划为己有。与此同时，法国也宣称某片弧度狭小内的区域为自己的领土。东南极洲自维多利亚地起，以扇形展开，向内陆延伸直至南极点。南磁极原位于乔治五世地（George V Land）的海岸。1908—1909年，沙克尔顿率领队员对罗斯岛进行探险时，最先抵达此处。然而，由于地球两端的磁极处于不断“漫游”的状态，如今的南磁极已经移动到了法国迪蒙·迪维尔基地不远处的海中。

东南极洲最令人难忘的景观之一当属兰伯特冰川。兰伯特冰川是世界上最大的冰川，起自麦克·罗伯逊地（Mac. Robertson Land）的南极高原。大概有100万平方千米的冰体从这里倾泻而下，一路浩浩荡荡地穿过查尔斯王子山脉（Prince Charles Mountains）旁边，继而形成庞大的埃默里冰架，与海相接。1947年，一批澳大利亚飞行员进行航空绘图飞行时，发现了兰伯特冰川。冰川宽100千米，长400千米（继续延伸300千米后，与埃默里冰架融合），厚2500米。某些区域的冰体则以每年1200米的速度流动。随着冰体流动的持续及压力的累积，会有巨大的平顶冰山从埃默里冰架上轰然断落，随即漂入澳大利亚戴维斯站附近的普里兹湾（Prydz Bay）。

东南极洲冰盖分布着为数众多的冰穹，某些区域的厚度甚至超过了5000米。对东南极洲影响至深的是南极高原，贫瘠荒芜，一片死寂，并且一直延展到海岸附近，因此在空间上形成好几千米的高度差。这意味着，那些冰冷而致密的重力驱动气团，从海拔较高的南极高原持续涌流而下时，会使整个东南极洲的海岸线瞬间冷凝。下降风，风如其名，肆虐迅猛，所到之处，物毁土崩，野生动植物以及岸边船头工作的人都无一幸免。下降风似乎随时随地都能突然刮起，即便刚刚还是晴空澄澈，几分钟内就能从四下沉寂变为风雪狂啸，令生灵猝不及防，陷入险境。然而片刻之后，暴风销声匿迹，大地又变得异样平静。

在南极洲，风具有极为强大的力量。它能令铮铮铁汉受尽暴虐和挫败，泪流满面。更为险恶的是，它会彻底摧毁一个人的精神与肉体。1911—1914年，澳大利亚地质学家道格拉斯·莫森在南极探险时，错将小木屋建在东南极洲的联邦湾（Commonwealth Bay），吃尽苦头后查明了风力：第一年的平均风速是80千米/小时，偶尔会有320千米/小时的阵风掠过；整个5月，每天的平均风速是98千米/小时，5月15日全天24小时的平均风速是145千米/小时。虽然莫森奔赴南磁极的雪橇之旅极富传奇色彩，但更为著名的恐怕还要算他的指挥所变成了真正的“暴风雪之家”。

从埃默里冰架崩解而下的平顶冰山，困滞在海冰的边缘，渐离东南极洲海岸。当它一路向北朝着澳大利亚漂移时，日渐销蚀，最终化为碧水

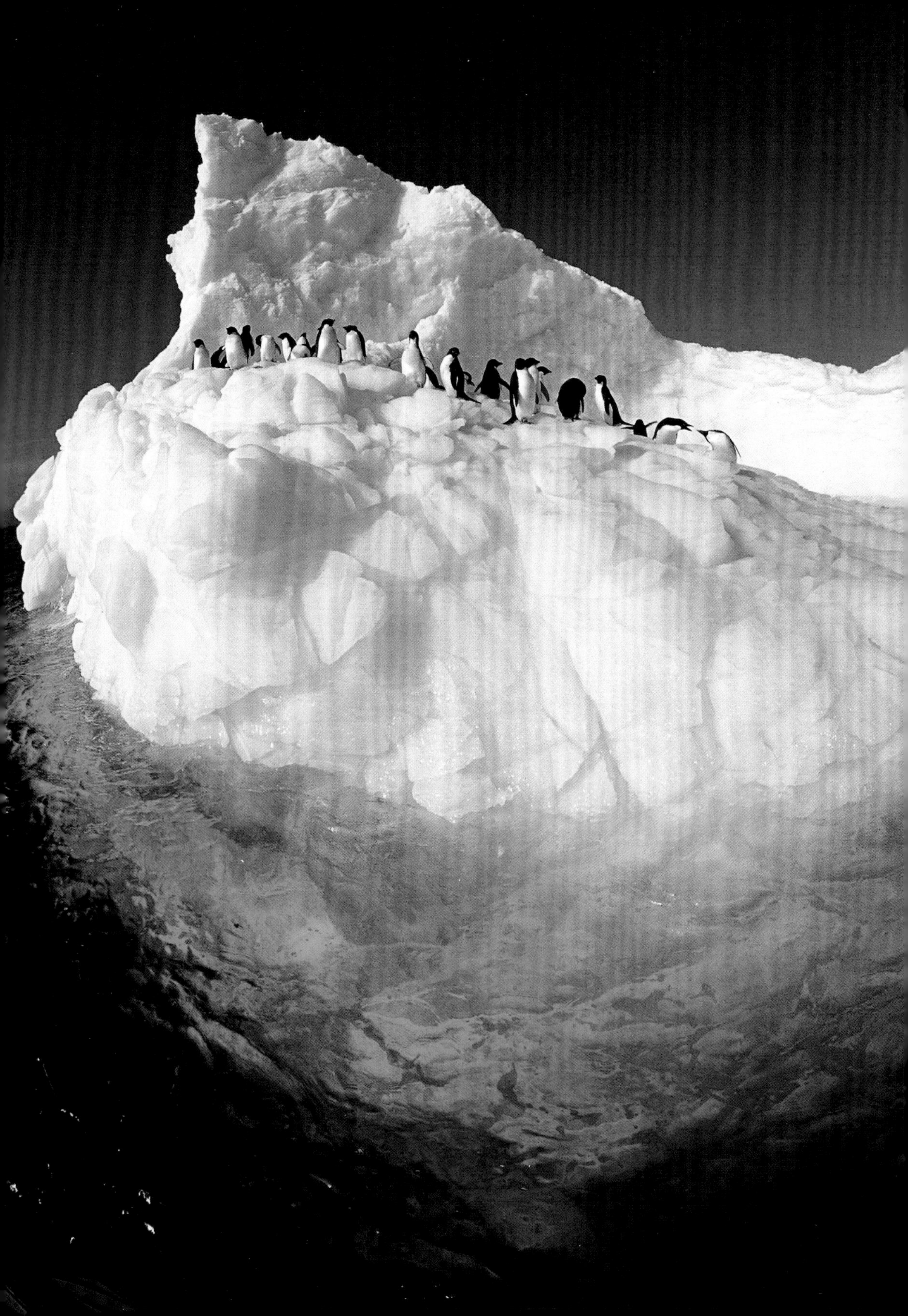

在阿黛利地沿岸的海面上，阿德利企鹅乘坐着屡遭侵蚀的小冰山，四下游荡

野生生物也受到风暴的影响。每当夏季来临，阿德利企鹅都在短暂的繁殖期内回到岸边繁育。然而，往往一场风暴的侵袭就能毁灭营巢地中所有的企鹅幼崽。帝企鹅与阿德利企鹅不同，至少不会在开阔的岩石地面上筑巢。为了躲避风暴，它们把家安在因封冻而滞留下来的冰崖或冰山背风处的海冰上。即便如此，在酷寒的冬日，数以百计的帝企鹅仍需要挤在一起，互相取暖，共同抵御漫天暴雪的侵袭。当它们挤成一团时，成年企鹅轮流挪到最外围，同时将其他企鹅推送入内层，如此循环往复，形成一个不断挪动的庞大的企鹅群。

在东南极洲的海岸线上，分布着为数众多的帝企鹅营巢地，其中最令人瞩目的是澳大利亚莫森站附近的奥斯特营巢地，另外还有一座位于阿黛利地，与法国迪蒙·迪维尔站相邻。1840年，法国探险家迪蒙·迪维尔对南极洲的这片区域进行了一次绝佳的考察航行。他在地质学角（Point Geologie）登陆，与现在以他姓氏命名的研究站相去不远。正是在这里，迪蒙将那种典型的黑白两色企鹅（即阿德利企鹅）命名为阿黛利。那正是他妻子的名字。

阿黛利地也非常著名。在法国科研站附近的众多小岛上，栖居着地球上最靠南的海燕繁殖群，其中包括纯白华美的雪燕。雪燕和南极海燕的飞行习惯与众不同，它们会远飞200千米到内陆地区，在岩层露头和冰原岛峰的风化岩上建立巢穴。

冰雪封冻了雪莉岛沿岸。它位于东南极洲风车行动群岛，在午夜太阳的照耀下，幽幽闪烁

东南极洲冰景无限，一派原荒。它占南极大陆一半以上的面积。在沿海一带，禽类和兽类群聚，呈现出丰富的生物多样性。在某些地方，苔藓和地衣会牢牢地附着在狂风横扫过的岩石裸露处，竭力生存下去。除此之外，根本就没有更高等的植物能够在这里存活。所有的海豹和企鹅都把它们硕大的身躯及厚厚的脂肪当作重要的防护屏障，来抵御恶劣环境的侵袭。对于很多人来说，它们是代表南极生物的典型符号。然而，对我而言，雪燕才是这个秀场上的明星。较之南极大陆的严酷，雪燕细小脆弱，似乎不堪一击，然而它却凭借着娴熟的飞行技巧，在南极大陆的上空勇敢掠过，向世间展示了真正的“南极精神”。

纵观整个南极洲，并没有传统意义上的国家公

园或保护区，然而却有许多地方被标明为“特别保护区”或“特殊科学价值地点”。在东南极洲，这种特别区域为数众多，每一处都制定了严格而明确的管理规则，以防止人类的侵扰和损毁。这里的生态环境独一无二，亘古封存，未被染指。而至关重要的是，我们要继续保有它本真的模样，或留给后世子孙研究探索、惊奇赞叹，又或者只是让从未到过南极洲的人知道，这世上还有一片原初天地，伫立在那里，简单而清净。

一只帝企鹅跃出水面，在海冰上驰骋。它的家园就在附近

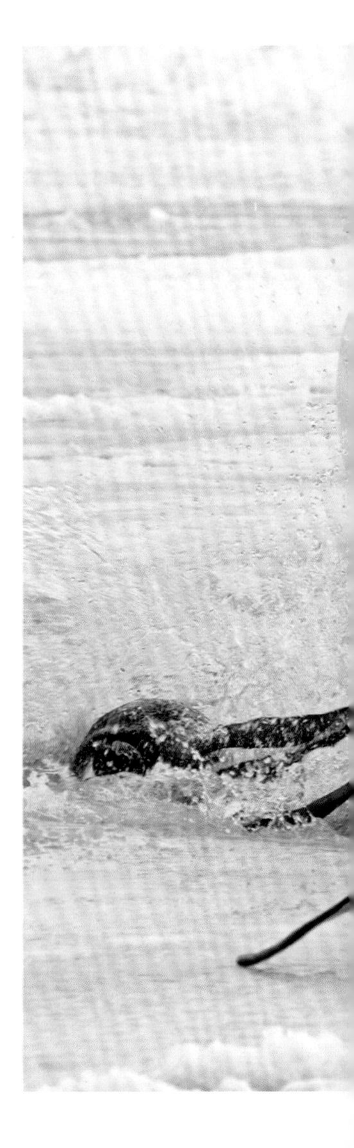

几只帝企鹅滑过一片冰池，水花四溅，其他成年企鹅则站在海冰上观望。在孤寂偏远的东南极洲海岸，有数个企鹅群散落其中

帝企鹅冲破冰水，一路浪花飞溅而去。为了给巢中日渐长大的子女带回食物，它们奔赴南大洋捕猎磷虾、小鱼和乌贼

东南极洲肯普海岸的爱德华八世湾里，浮冰支离破碎，四散漂浮。午夜太阳点亮了这些碎冰的边缘

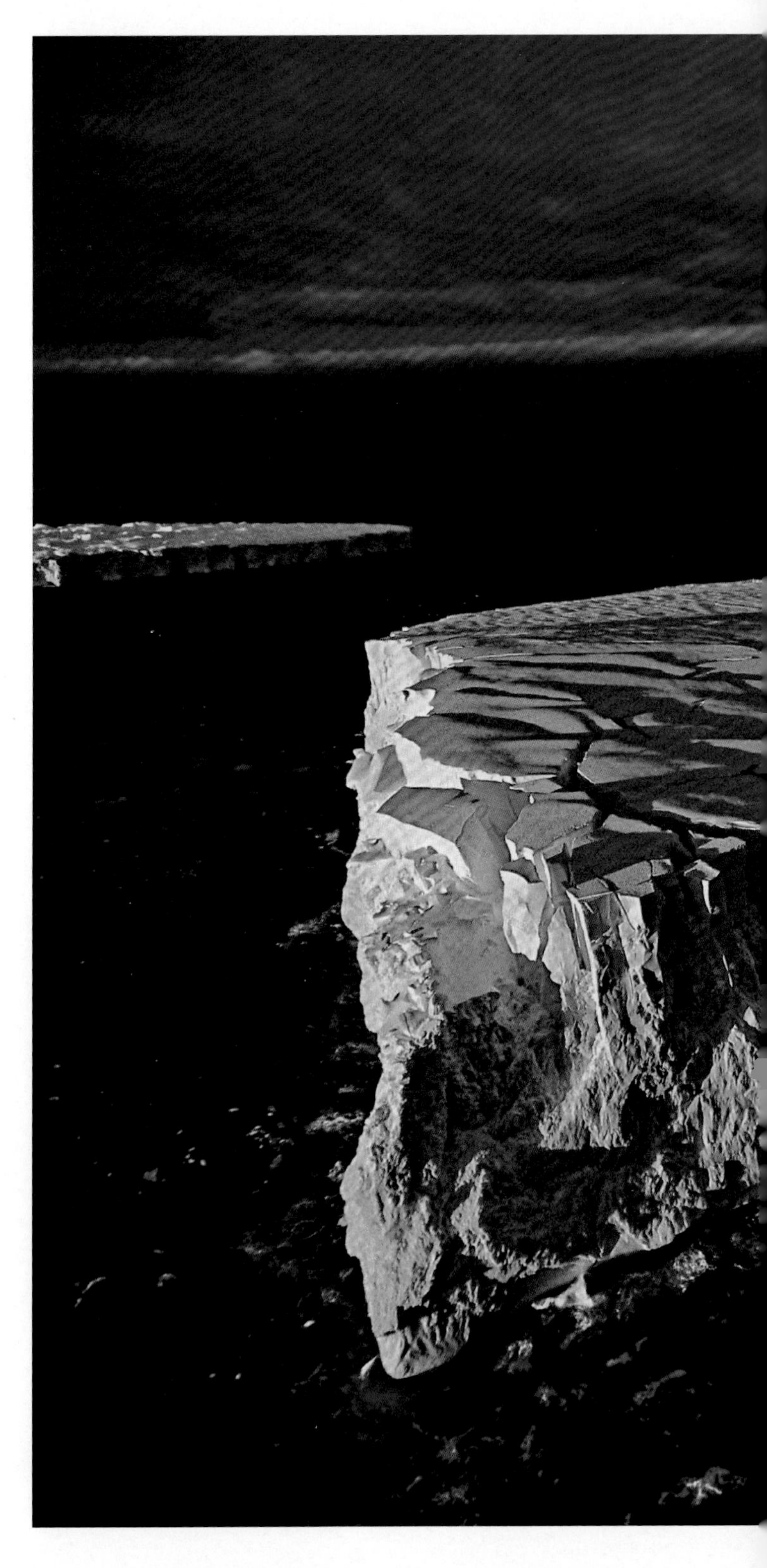

一座平顶冰山漂离东南极洲海岸，
随波流荡，漫无目的

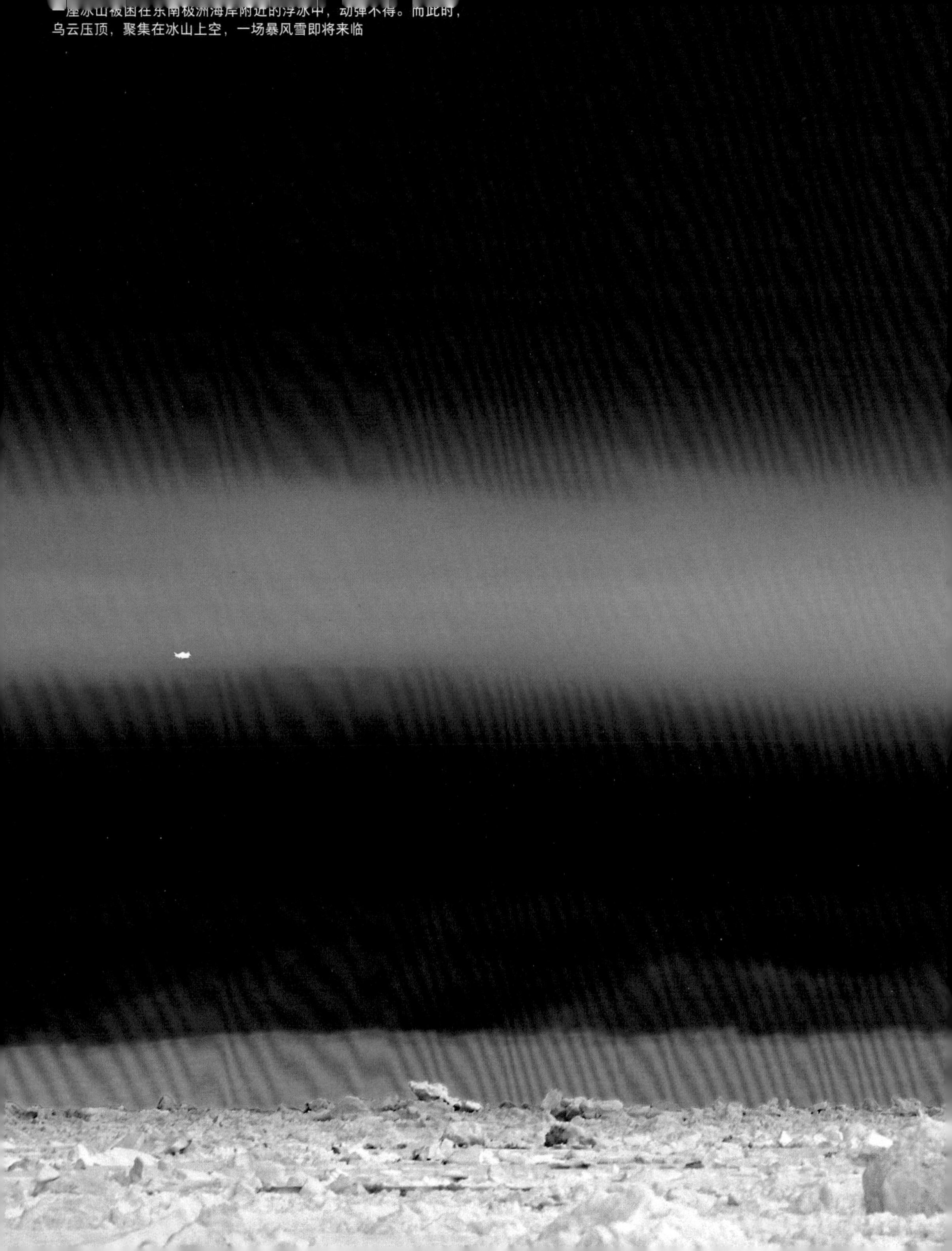

一座冰山被困在东南极洲海岸附近的浮冰中，动弹不得。而此时，乌云压顶，聚集在冰山上空，一场暴风雪即将来临

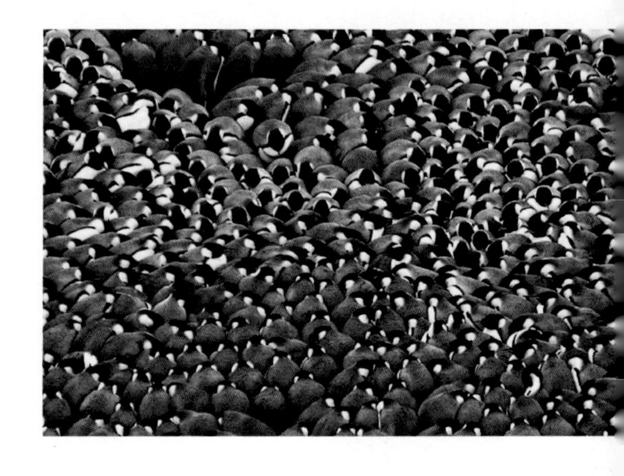

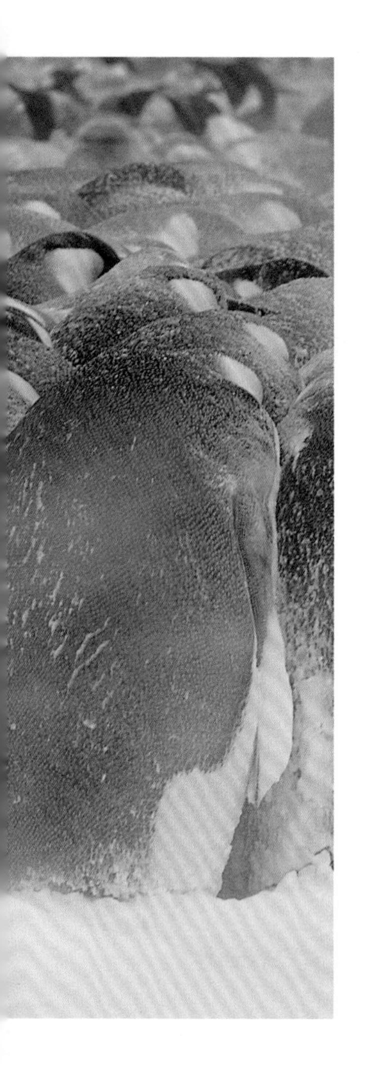

在冬季寒冷的漫漫长夜里，帝企鹅们会紧紧地挤在一起，相互取暖，抵抗寒风的侵袭。当它们挤成一团时，外围的企鹅会渐渐挪换到中间

岬海燕在南大洋上振翅翱翔。有好几类海燕选择在东南极洲的近岸海岛繁殖后代，而雪燕有时却远飞200千米到内陆构筑自己的营巢地

春日，南大洋几乎全部被浮冰所覆盖。平顶冰山从东南极洲巨大的冰川上掉落下来后，便坐困在这些浮冰中

06

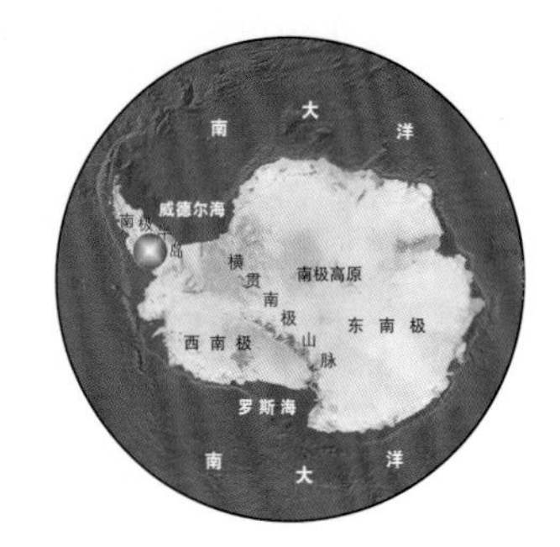

斯科特山是南极半岛上一座典型的高峰，位于著名的勒美尔海峡的最南端。山势峻拔，穿云而出。附近考察站的研究人员以及乘坐快艇或游轮而来的人，已多次登临此山

The Antarctic Peninsula 南极半岛

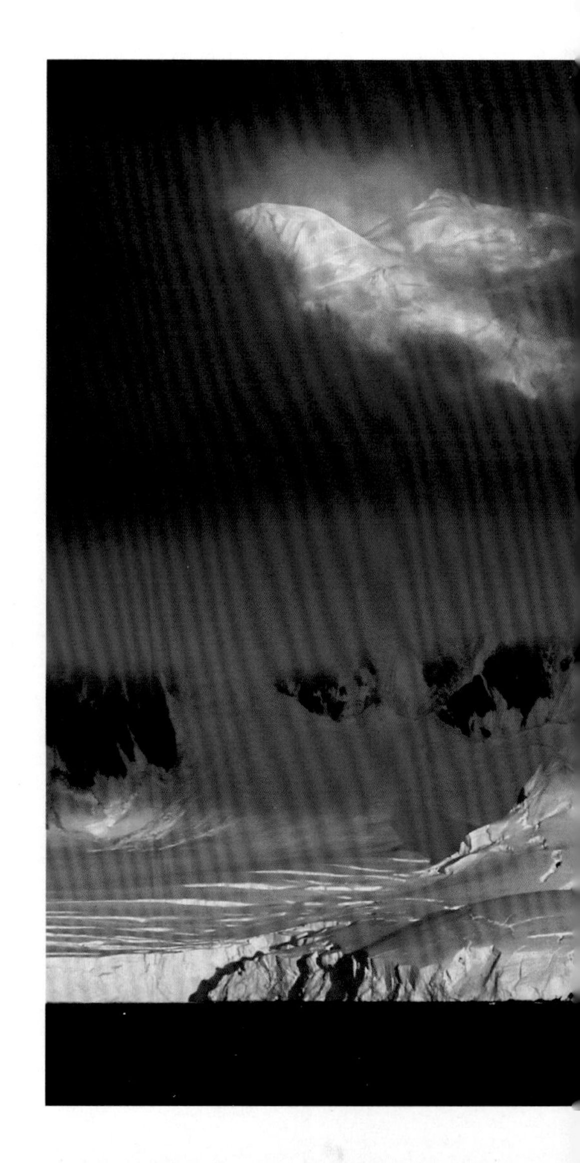

长约1000千米的南极半岛，犹如一根弯曲、细长的手指。其上严冰深结，峻峰林立，有些冰峰的海拔甚至超过3000米。从地质构造上说，南极半岛是雄浑高大的安第斯山脉的延续。正如安第斯山脉上许多活动频繁的知名火山一样，在距离南极半岛北部尖端不远处的迪塞普申岛（Deception Island）上，火山活动迹象也非常显著。在距南美大陆600海里处，合恩角（Cape Horn）的正南方，南极半岛自南纬63度冰雪封冻的霍普湾（Hope Bay），一路蜿蜒到南纬74度的南极高原边缘。南美洲和南极半岛之间隔着德雷克海峡（Drake Passage）。它是位于太平洋和南大西洋之间的一条水道。南大洋水体由此取道，拥挤着通过漏斗般的缺口，暴烈凶猛。

南极半岛这块宝地位于南极圈（Antarctic Circle）以北。按照南极洲的标准看，这里气候相对温和，常被称为“香蕉带”（banana belt）。从12月至翌年3月，整个夏季气温会攀升到14℃，降雨也不再难得一见。随着对全球气候变暖的监测越来越精准，人们注意到，南极半岛是地球上升温最快的地方，近年来温度已平均提高近2℃。在南极半岛的最北端，7座冰架及主要的冰川体系正处于不同的崩塌

山峰矗立在南极半岛的脊线上，在热尔拉什海峡上空的云隙间，熠熠生辉

阶段。这极具戏剧性的场景暗示着，许多影响深远的变化将会出现在这片古老的极地上。

南极半岛的无冰区比这个大陆海岸边缘其他任何地方都多。所以，大量的南极野生动植物群聚于此，而海洋提供给它们丰富的滋养。自20世纪40年代开始，至少有15个国家的南极科研项目在这里建立了全年运行的基地。这些基地大多密布在半岛多石的沿岸，或一些离岸的小岛上。尽管《南极条约》制定了严格的环境和野生动植物保护措施，然而，永久性设施的扩充、辅助人员的增加、船只和飞机的频繁往来等，都对企鹅和海鸟的繁殖地以及脆弱的植被产生了某种程度的影响。由于从南美洲的港口可以轻易地进入南极半岛的无冰区，所以，在过去20年间，来此畅游的观光船陡增。然而，频繁的游访使得这片土地的生态越发脆弱，长此以往，这里的自然环境和野生动植物都会面临严苛的命运。这些旅游带来的问题，令人关注，亦令人忧思。

穿越德雷克海峡后，最先看见的陆地往往就是南设得兰群岛（South Shetland Islands）。乔治王岛（King George Island）是该群岛中最大的岛屿，常常薄雾缭绕，几乎处于亚南极范围，低平矮小，以苔藓和地衣的丰富茂密而闻名。由于乔治王岛易于抵达，并具有保护完好的天然海港，所以许多国家在其上建立了研究站。利文斯顿岛（Livingston Island）则与之对比鲜明，银装素裹，秀峰巍峨。不远处，史密斯岛（Smith Island）的最高峰——福斯特山（Mt. Foster）闪耀着耀眼的光芒。这座海拔2105米的险山，非常难以攀爬，只在1996年被成功登临过。

温克岛上，山峦壮美，成为南极半岛诸多峻峰的典型代表

利文斯顿岛的正南，神秘莫测的火山——迪塞普申岛坐镇一方。在火山口破裂的环壁上，有一条狭窄的入口，即被称作“海神风箱”的尼普顿水道（Neptunes Bellows）。驾船驶入尼普顿水道，即能抵达一片黑色的海滩，其上火山岩渣遍布，水汽氤氲。迪塞普申岛火山最近一次大规模爆发是在1969年。它作为最活跃的火山，给周边环境带来巨大的改变。这种改变几乎从未间断过，并且不可预知。同样，在鲸湾（Whalers Bay）废弃的捕鲸站附近，海滩也一直处于升降浮沉之中，而强大的侵蚀力冲刷出了条条沟渠。1928年，澳大利亚的拓荒先驱休伯特·威尔金斯爵士从这片海滩开始了首次固定翼飞行。在这座破火山口的最末端——彭迪尤勒姆湾（Pendulum Cove）那片狭窄的水域中，人们刚好可以游泳，起码足以放松小憩一下。

在迪塞普申岛外侧的贝利角（Baily Head），一座巨大而陡峻的冰川正缓缓漂向宛若黑玉的海滩。原本莹洁的冰层中渗入了灰黑的火山灰，层叠分明，弯曲无序，形成了斑马纹式的漩涡状图案。正是在这种超现实主义的背景下，勇猛的帽带企鹅乘风破浪，一批批抢滩登陆。它们精心梳理着自己的羽毛，或者互相吼叫，声音沙哑粗放。对于帽带企鹅来说，目前的任务就是回到它们的孩子身边。为此，它们积聚勇气，迈着卓别林式的欢快步伐，摇摇摆摆地穿过黑色的海滩，努力爬上陡峭的悬崖。悬崖的顶端就是帽带企鹅的家，那是冰川后面的一处隐蔽所在，犹如天然圆形剧场。

黎明时分，在南极半岛的尖端，埃里伯斯-特勒湾沉浸在一片寂静之中

位于迪塞普申岛贝利角的海滩，属于火山岩质，呈现出神秘的黑色，而帽带企鹅正在此大举登陆

在迪塞普申岛的贝利角上，帽带企鹅的营巢地星罗棋布

迪塞普申岛是一座活火山，属于南极半岛附近的南设得兰群岛范围

象海豹岛（Elephant Island）位于南设得兰群岛的最东端［自此向东，尚有克拉伦斯岛（Clarence Island）——译者注］，偏远荒僻。四周激流汹涌，海浪滔天，反倒成了最好的庇护。这座非常崎岖的大岛1916年声名鹊起，那是因为当时沙克尔顿率领的“持久”号全体人员被困于象海豹岛的怀尔德角（Point Wild）。也正是从这里，沙克尔顿驾驶“詹姆斯·凯尔德”号救生艇启程前往南乔治亚岛求救。

在南设得兰群岛的每座岛屿上，栖居着大量的帽带企鹅和巴布亚企鹅，还有许多来此繁衍的海鸟，如鸬鹚、鞘嘴鸥（sheathbill）及各类海燕。然而，使这片群岛开始为人所知的却是数量大得不可思议的海狗。19世纪初期，英国和美国的猎捕船闯入此地，开始大肆屠杀它们，疯狂剥掠它们的毛皮。由于商业竞争和逐利的本性，这些掠夺者之间也充满了深深的敌意。屠杀还蔓延到象海豹身上，它们数量庞大且移动缓慢，因为拥有为人类所需的厚厚油脂而在劫难逃。

继续前行，南设得兰群岛渐渐消失在身后。唯有穿越112千米宽的布兰斯菲尔德海峡（Bransfield Strait），才能抵达南极半岛的最北端，而后将会与巨大的平顶冰山相遇。这些庞然大物正向西游弋，穿过南极海峡（Antarctic Sound），试图逃离威德尔海的怀抱。来自霍普湾峰顶的下降风，冰冷凌厉，能令气温瞬间骤降。弗洛拉山（Mt. Flora）则是一个特别保护区，这里发现了大量的植物化石。这些化石证明了早期南极大陆的气候较之现在温和许多。而如今的景致早就截然不同了，一派极地风光：厚重的浮冰壅塞在海湾里，巨大的冰川缓缓漂向大海，从高峻的山峰上垂落道道褶裥状的冰帘。广袤的南极大陆以这里为起点，面积是澳大利亚大陆的两倍。

帽带企鹅聚居在南设得兰群岛的半月岛上。参差错落、古老沉寂的火山残留，成了它们最好的庇护

蓝眼鸬鹚互相梳理着对方的羽毛

在温克岛的鸟巢里，一只蓝眼鸬鹚安卧其中

人们可以穿越南极海峡进入南极半岛以东的威德尔海，然而，这条航道常常被巨大的浮冰堵塞。冰山也是一种巨大的威胁，因为它们可以突破浮冰的包围，在水流和风力的强力推动下，独来独往。

这里的环境恶劣而严酷，没有经验的船长或未经加固的船只根本无法应付坚冰的撞击。

更为常见的航行选择是从南极半岛的西边驶过，然后途经布拉班特岛（Brabant Island）和昂韦尔岛（Anvers Island）。这两座岛屿均位于掩护良好、水面无冰的热尔拉什海峡（Gerlache Strait）里。法兰西人山（Mt. Francais）的冰峰海拔3000米，是昂韦尔岛的最高点。在太阳缓缓下坠的过程中，山峰反射出温柔的粉色光彩。从12月到翌年2月是南极半岛的仲夏时节，甚至最北端都能沐浴在阳光持续不断的照耀下。

在南极半岛南端的偏远处，地形变得更为复杂，大量的岛屿、海峡以及看起来十分神秘却逐渐敞开的通道汇聚于此。这里越来越美。数不尽的山峰密布于半岛上，它们默默无闻，从未被登临。同样，许多冰川亦从未被穿越，它们扭曲变形，布满了一道道深重的裂缝。航行在狭窄而著名的勒美尔海峡（Lemaire Channel）时，站在甲板上，仰望那些魁伟的岩体，不由得心生敬畏。岩石周围冰封形成极具危险性的冰崖，还有冰蘑菇倒挂其上，这就是所谓的雪檐。船头平静的水面上，海峡完美如画的倒影隐约闪烁。随着勒美尔海峡逐渐远去，水天相接处，再次出现群山绵延的画面，满目的巍峨与雄壮。继续向南，前往阿德莱德岛（Adelaide Island）和南极半岛基地附近浩渺的玛格丽特湾（Marguerite Bay），更加举步维艰。越来越多的冰山横亘其中，浮冰也益发稠密；即便是盛夏，海面也几乎全被冰层覆盖。

浮冰上到处卧着食蟹海豹，成群结队，星星点点。它们有着黄褐色的皮肤，总是慵懒地打着呵欠，是所有海豹种群中数量最多的一类。南极并没有螃蟹，但是不知为何早期探险者却给这种海豹如此命名。食蟹海豹更喜欢栖息在浮冰上，即便是繁殖后代亦很少上岸。它们口鼻像狗，长着锁链一般的牙齿。这种特殊的齿形有助于海水从它们的口中流出，只留下满嘴的磷虾，而磷虾才是它们主要的食物。食蟹海豹身上常常伤疤遍布，这是它们遭到虎鲸攻击的结果。威德尔海豹也栖息在南极半岛上，它们身躯更为庞大，其上点缀着银色的斑点。豹形海豹则孤独而凶残，时常巡游在企鹅营巢地附近，伺机而动，期待能一举捉到猎物，美餐一顿。

在南极半岛，营巢地日益欣欣向荣的“硬尾”企鹅（“bristletail” penguins）包括三类——阿德利企鹅、巴布亚企鹅、帽带企鹅。帝企鹅的繁殖栖息地远在南边，位于与阿德莱德岛毗邻的迪翁岛（Dion Island）上，规模很小。在返回浩海浮冰度过漫漫冬日之前，帝企鹅不得不在南部短暂的夏日里完成繁殖后代和养育幼崽两项重任。为了能够有机会获得鹅卵石筑巢，它们激烈地争抢那些无雪的裸地。盛夏时节，冰雪融化，泛滥汹涌的雪水会将企鹅蛋冲出巢穴，所以企鹅偏爱那些排水良好的地方，以解决这一问题。一对成年企鹅会轮流卧在一只或两只企鹅蛋上孵化，而另一只则出海捕食磷虾。当那些胖嘟嘟、毛茸茸的企鹅幼崽逐渐长大时，它们胃口大开，食欲极为旺盛，总是处在一种兴奋的状态。

如今的南极，以海岸为基地的捕鲸业已然停止（只有少量的日本捕鲸船依然在南大洋其他水域大行杀戮）。令人振奋的是，有越来越多的小须鲸和座头鲸出现在南极半岛周围。小须鲸体形娇小，游速极快，喜欢生活在浮冰周围的水域中；座头鲸体形庞大，似乎更爱嬉闹。这两种鲸鱼的牙齿都像过滤器，滤除海水，而留下大量的磷虾作为自己的美餐。

南极半岛不仅拥有极致的自然之丽，更散发出极致的精神之美。这片莽莽荒原，以它的浩大宏伟，使所有身临其境的人深为震撼。这片土地广袤无垠，几近洪荒，看不到篱笆、电线和道路，人类在依岸而建的狭小的科研设施里艰难度日。

落日的余晖染红了温克岛的最高峰

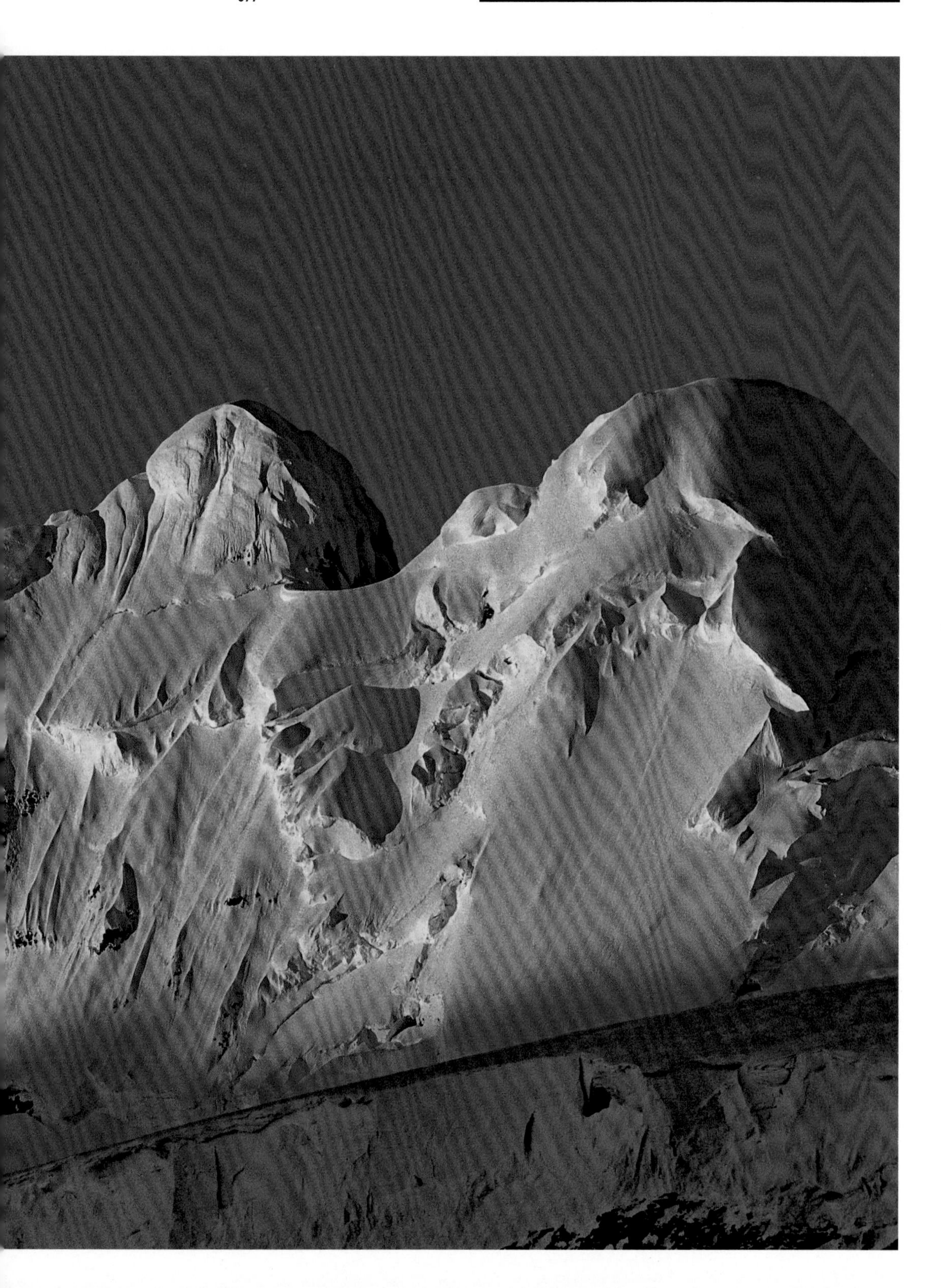

勒美尔海峡位于布思岛与南极半岛之间，狭长幽深。平整如镜的水面，万物倒映，不过它只是这里最寻常的美景

一只幼小的巴布亚企鹅正在逐渐适应用它波纹状的舌头来捕捉磷虾或乌贼

巴布亚企鹅的营巢地通常位于南极半岛西边的岛屿上。它们偏爱那些赤裸荒凉、排水良好且没有冰层覆盖的岩石地面，在其上用石子搭建起自己的巢

帕拉代斯湾的落日照亮了无数细碎的浮冰，泛起万点金光。作为背景的南极半岛山脉亦晕染上一层金黄

食蟹海豹躺在南极半岛的小浮冰上，悠闲地打着盹儿，安享着温暖柔和的夏日时光

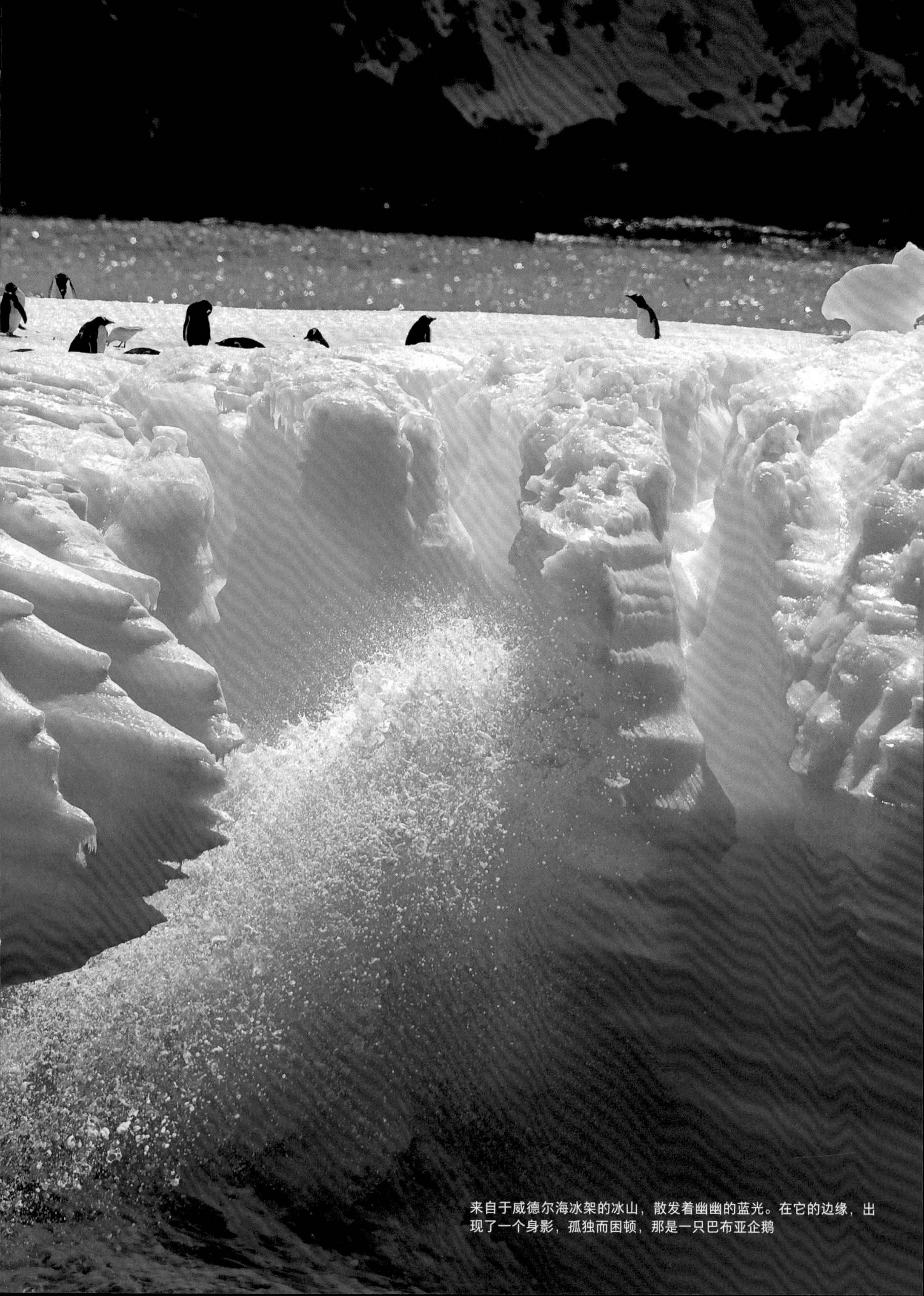

来自于威德尔海冰架的冰山，散发着幽幽的蓝光。在它的边缘，出现了一个身影，孤独而困顿，那是一只巴布亚企鹅

一只虎鲸从南极半岛附近的冰水中冲跃而出。它们惯常巡游在南极半岛周边的峡湾和水道间，于浮冰之中猎杀海豹和企鹅

座头鲸在冰山旁游弋。由于捕鲸时代已然结束，现在的南极半岛周围，座头鲸已经越来越常见

豹形海豹是南极洲最可怕的掠食者。它们通常在企鹅营巢地附近的水域伺机而动，或者袭击那些在浮冰上休憩的食蟹海豹

一只阿德利企鹅从雪岩的缝隙上
一跃而过

彼得曼岛位于南极半岛海岸的不远处，有座极具代表性的阿德利企鹅小型营巢地。与阿德利企鹅一样，巴布亚企鹅和蓝眼鸬鹚也选择在此繁育后代

当太阳照亮南极半岛最高峰时，帕拉代斯湾却是寒冰塞川

07

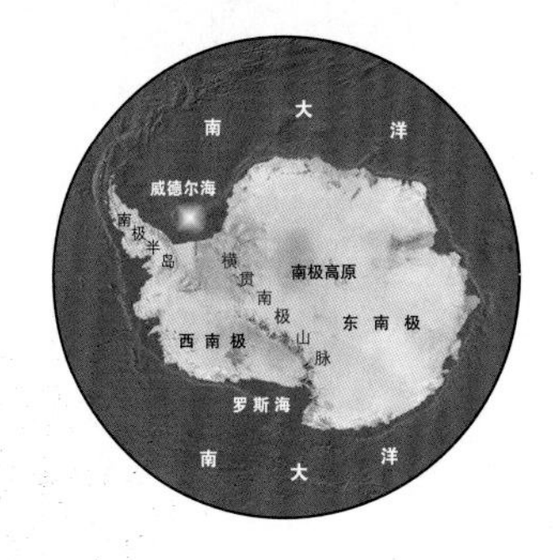

许多厚达5米的海上巨冰，互相挤压摩擦着，嘎嘎作响。即便是在盛夏，加强破冰船也很难突破这些坚硬的冰层

The Weddell Sea
威德尔海

如果说，有一个地方能令远航南极的人深感恐惧与敬畏，那么这个地方一定是威德尔海。1915年，欧内斯特·沙克尔顿爵士率领的“持久”号在这里沉陷，困在沉重浮冰的挤压中长达数月，威德尔海自此声名大震，令所有水手敬畏有加。威德尔海隶属南大洋，然而作为众多冰山的发源地，它本身浩渺、威严，是南极洲终极力量所在，令人永世难忘。威德尔海是极地海洋环境的典型代表，孕育了众多的美景和奇观，唯有伟大的罗斯海才能与之媲美。近年来，威德尔海深处的主要冰架遽然崩塌，拉响了警报，预示着气候变化将导致更为激烈的后果，而全球变暖的速度也变得前所未有。

威德尔海方圆300万平方千米，最广阔处从科茨地（Coats Land）海岸一直伸展到南极半岛东部边缘，宽约1851千米。威德尔海即便曾是一片烟波浩渺的开阔水域，现在也早就不如往昔，一年到头几乎总是覆盖着厚厚的浮冰。沙克尔顿在付出惨痛的代价后才发现，海冰是按顺时针方向日夜不歇地流向南极半岛的。这里的浮冰厚1.8～4.6米，几乎无法穿透，有时甚至连现代化的破冰船都无能为力。

因此，下面的这件事就变得更加意义非凡，那

从高空俯瞰，平顶冰山被困在威德尔海的浮冰之中

就是：1823年，英国船长詹姆斯·威德尔驾驶着木制的捕海豹小帆船“简”号和“博福伊”号设法抵达南纬74度，进入一片相对无冰的海域。威德尔起初将这片他发现的海域命名为乔治四世海（King George IV Sea），而现在这片海域以他的姓氏命名。这里比库克船长此前50年最终抵达地更偏南314千米，并在此后的90年间无人越界。威德尔曾经到达南设得兰群岛，并且在航行中发现了南奥克尼群岛（South Orkney Islands）。他坚信，在突破海冰的重重阻碍后，定能驶入茫茫大洋，一路直抵南极点。

虽然在南极洲这片区域没有发现威德尔所期待的南极绒毛海狗，但确实存在着数量令人叹为观止的其他海豹。威德尔海豹和食蟹海豹都栖居在这片水域，其中食蟹海豹更喜欢一直生活在浮冰上。由于南大洋的浩渺以及穿越浮冰的艰难，几乎不可能去精确统计食蟹海豹的数量。尽管如此，它们依然被认为是地球上除人类之外数量最多的哺乳动物。

南极并没有螃蟹。海豹捕猎者之所以赋予这种海豹“食蟹”这个名字，是因为他们确实被这种海豹嘴边粉色的痕迹迷惑了。而这种痕迹其实与螃蟹无关，那是海豹咀嚼它的主食——磷虾或沾染了浮冰上的粉色粪便造成的。食蟹海豹口鼻像狗，长着锁链一般的牙齿，尤其适于从口中排出海水，而留下满嘴磷虾。食蟹海豹的皮肤柔软，闪烁着银褐色的光泽，然而却布满深深的伤痕，那是与虎鲸狭路相逢的惨烈证据。食蟹海豹喜欢群居，常常10只或20只聚在浮冰上，躺在夏日的阳光里，呼呼大睡。食蟹海豹根本不需要上岸，即便在繁育后代的时候，它们的幼崽也常常出生在春天的海冰上。

在威德尔海的最南端的阿特卡湾，
数个帝企鹅的营巢地散落其中

不过，更多威德尔海豹的幼崽出生在岸边，最起码也是离岛最近的海冰上。这些岛屿大多位于威德尔海的西部边缘，如保利特岛（Paulet Island）、詹姆斯·罗斯岛（James Ross Island）和斯诺希尔岛（Snow Hill Island）。豹形海豹也时常出没于威德尔海。尽管它们同样吞噬大量的磷虾，但阿德利企鹅和帽带企鹅才是它们的主要猎物。豹形海豹惯于在夏季巡荡在群岛岸边，伺机突袭那些毫无防备地往返营巢地的企鹅。

罗斯海豹是海豹中最难以捉摸的，一身棕色毛发，脖颈肥厚，头部和肩膀生有特殊的黑纹。罗斯海豹离群索居，偏安于威德尔海中心最荒僻的浮冰上。在南大洋周围辽阔的浮冰带上，诸如东南极洲的幽深处，也发现了它们的身影。

帝企鹅也许是这里最出名的动物。作为一种基本的极地鸟类，它们形体优雅，并且极为坚毅。在威德尔海沿岸的偏远隐蔽处，分布着好几个帝企鹅的繁殖区，最著名的要算阿特卡湾（Atka Bay）和里瑟-拉森（Riiser-Larsen）营巢地。事实上，帝企鹅从不筑巢，甚至不在陆地生育，而是以海冰为家。营巢地里常常栖居着几千只帝企鹅。它们挤在一起，互相取暖，共同抵御冬季最凛冽的暴风雪。它们也常常借助陷落海冰的平顶冰山的庇护，躲避寒风侵袭。

值得注意的是，雌企鹅在严冬产下蛋后，会将它交给自己的伴侣雄企鹅去孵化。

雄企鹅把企鹅蛋放在自己的两脚之间，用肚皮上厚厚的羽毛覆盖，以身体为它保温。当雄企鹅抚育宝宝时，雌企鹅正在海中奋力地捕捉鱼和磷虾。雌企鹅会在春季返回营巢地，接替雄企鹅照顾它们嗷嗷待哺的幼崽。这时，雄企鹅身负父母双重重任，早已筋疲力尽、衰弱不堪了。它们是如此坚韧，令人惊叹。然而，一场暴风雪就能在短短几个小时之内夺走数百只企鹅幼崽的生命。生活在这样苦寒的地方，实属不易。

一只食蟹海豹在威德尔海边的小冰山上歇息。这种海豹通常会栖居在浮冰上，很少上岸游玩

威德尔海豹冲破海冰的薄层，呼吸新鲜空气。这种居住在地球最南端的哺乳动物，可以潜入水下600米处捕食鱼类

威德尔海豹带着它的宝宝在海冰下畅游。这些小家伙在寒冷的春季即10月降生在海冰上。幸亏母亲的乳汁饱含脂肪，它们才得以快速成长。它们必须在短短几个月内做好充分准备，以迎接海上苦寒的生活

一只食蟹海豹卧在威德尔海的小冰
山上，慵懒地打着呵欠

菲尔希纳-龙尼冰架（Filchner-Ronne Ice Shelf）是规模仅次于罗斯冰架的第二大冰架，位于南极大陆的另一侧，与罗斯冰架遥遥相对，面积总和为43万平方千米。伯克纳岛（Berkner Island）横亘其间，将之一分为二，即菲尔希纳冰架和龙尼冰架，后者面积更大。冰川从东南极冰盖流向菲尔希纳-龙尼冰架，使之逐渐壮大并不断移向海中。当剪应力超过冰体的强度，巨大的平顶冰山就会轰然崩塌在威德尔海的汪洋之中。1998—2000年，大概有150 × 50平方千米的冰山断裂，向北漂入威德尔海，然后再逐渐解体崩坏。许多平顶冰山漂到南极半岛尖端的南极海峡，有些甚至随着水流漂到了南奥克尼群岛和南乔治亚岛附近才渐次融化。菲尔希纳-龙尼冰架层层叠叠，犹如树木的年轮一般，清晰地呈现出每一年雪的累积状况，而这些雪层逐渐被挤压成冰。有时，冰层中混入了大量的沉积物、淤泥和岩石，冰山因而呈现出巧克力蛋糕般的外观。由于氧气被挤压殆尽，那些古老的冰山闪现着幽蓝的光泽，熠熠生辉。

2002年，从一系列引人注目的卫星图像上可以观察到，附着于南极半岛东部的拉森冰架（Larsen Ice Shelf）发生崩塌，数千座平顶冰山从大陆上遽然断裂，落入浩瀚的威德尔海，波及范围达3000平方千米。在之后的5年内，更有至少2000平方千米的冰体发生崩裂。这在冰川史上是前所未有的事情，而这一切都源于南极半岛东部的气候迅速变暖。科学家们一直在密切监测威德尔海内冰川崩裂的情况，以便为气候进程描绘出一幅更清晰的图像。北极地区也同样出现了明显的气候变暖现象。在帮助科学家衡量全球气候变化的过程中，两极地区扮演着越来越重要的角色。

在春寒料峭的九、十月，威德尔海豹的小宝宝出生在浮冰的边缘或威德尔海西边的岛屿上。小海豹的身上有一层肥厚的油脂和一层紧紧包裹身体的软毛，这使它们即使处在最凛冽的暴风雪中也能保持温暖

豹形海豹这个凶残的捕食者捉到了一只帽带企鹅，在生吞活剥之前尽情玩弄着

在潜回到威德尔海捕食磷虾之前，一群阿德利企鹅胸部着地，用强壮的鳍状前肢推动身体，滑过一片浮冰

一只处于生长期的帝企鹅幼崽追着它的长辈，乞求得到更多的磷虾

在所有的企鹅中，帝企鹅是最高的、最重的，也是最美丽的。它们在冬季将企鹅蛋产在赤裸的冰层上。在威德尔海的一个营巢地里，一对企鹅正处在浓情蜜意中

在海浪的侵蚀下，从南极冰架上断裂而下的平顶冰山，形成巨大的海上隧道，最终难逃分崩离析的命运

在风化的冰山上，一只孤独的阿德利企鹅向上攀爬着进入冰洞

威德尔海是众多冰山尖塔的发源地，并以此闻名。这些冰塔巍峨高峻，呈现出幽幽的蓝色

一群帝企鹅在威德尔海的海冰下游过。它们是出色的游泳健将，可以潜入数百英尺深的水下捕捉磷虾、乌贼和鱼

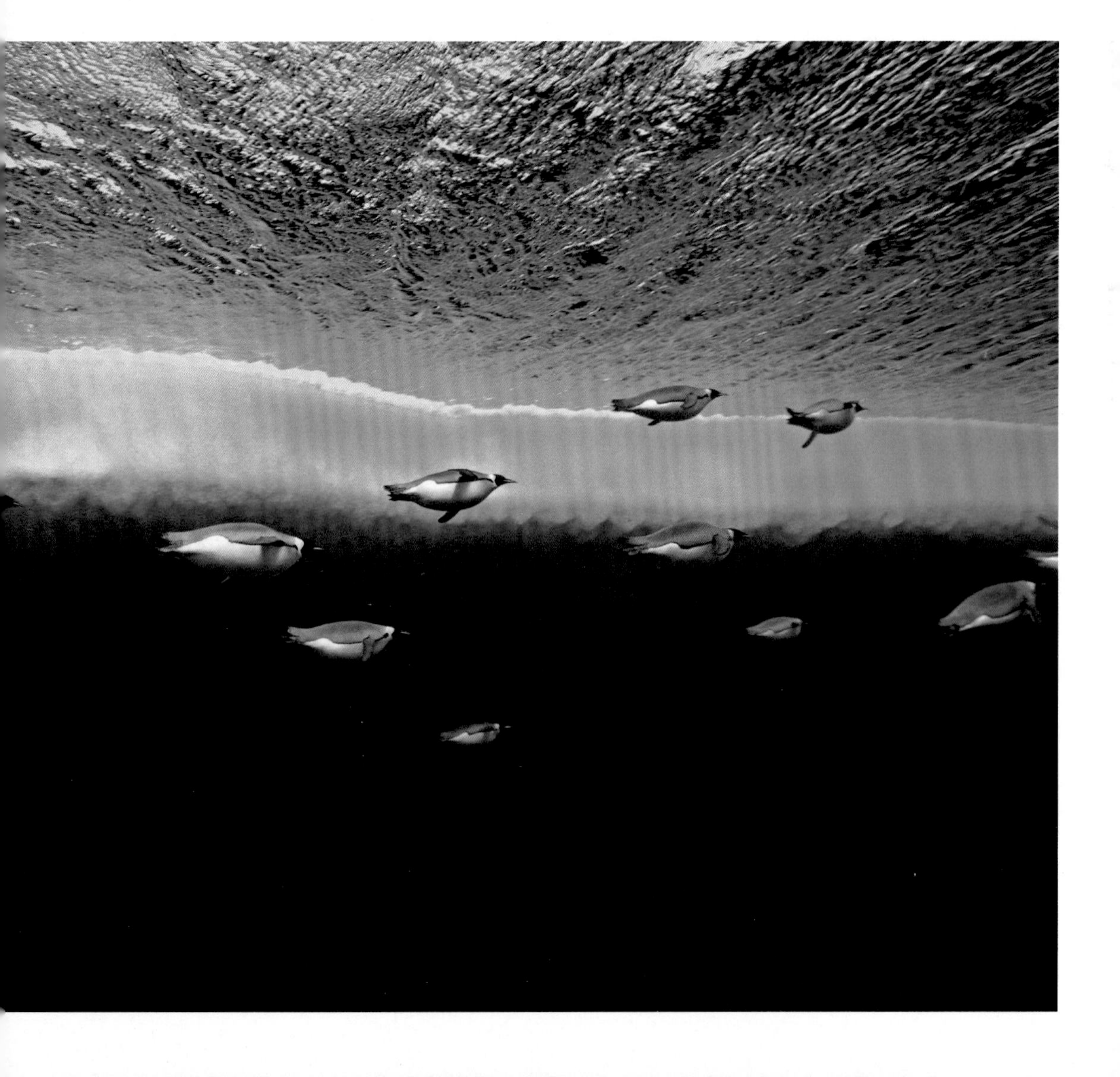

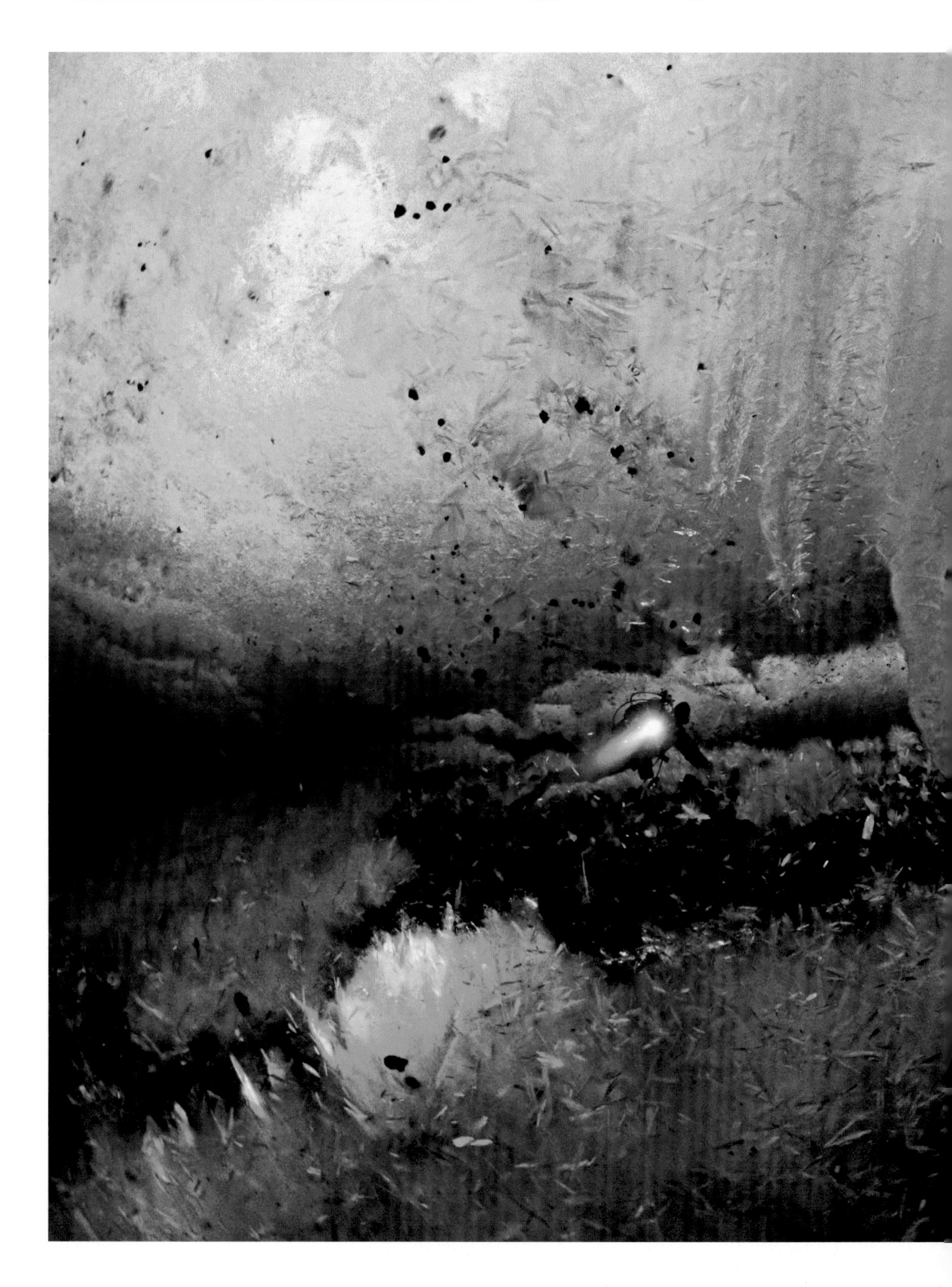

当潜水员深入威德尔海，考察存在于海冰下的生命类型时，发现了血液中含有糖蛋白的小鱼、磷虾及海星。而蓝藻则通常生长在坚冰上

古老的冰山漂离威德尔海，向北而去。由于冰体被高度压缩，冰山通常呈现出玉般的绿或蓝。冰体内常常会有很多层岩石沉积，形成了巧克力蛋糕般的美丽外观

从高处向下俯瞰，一座冰山正在威德尔海向北漂游。由于海浪的作用，山体被侵蚀出巨大的洞穴

俯视大地，冰山为威德尔海中的浮冰所困。在过去的10年间，威德尔海边缘的主要冰川和冰架相继崩塌，成为全球变暖的最明显例证之一

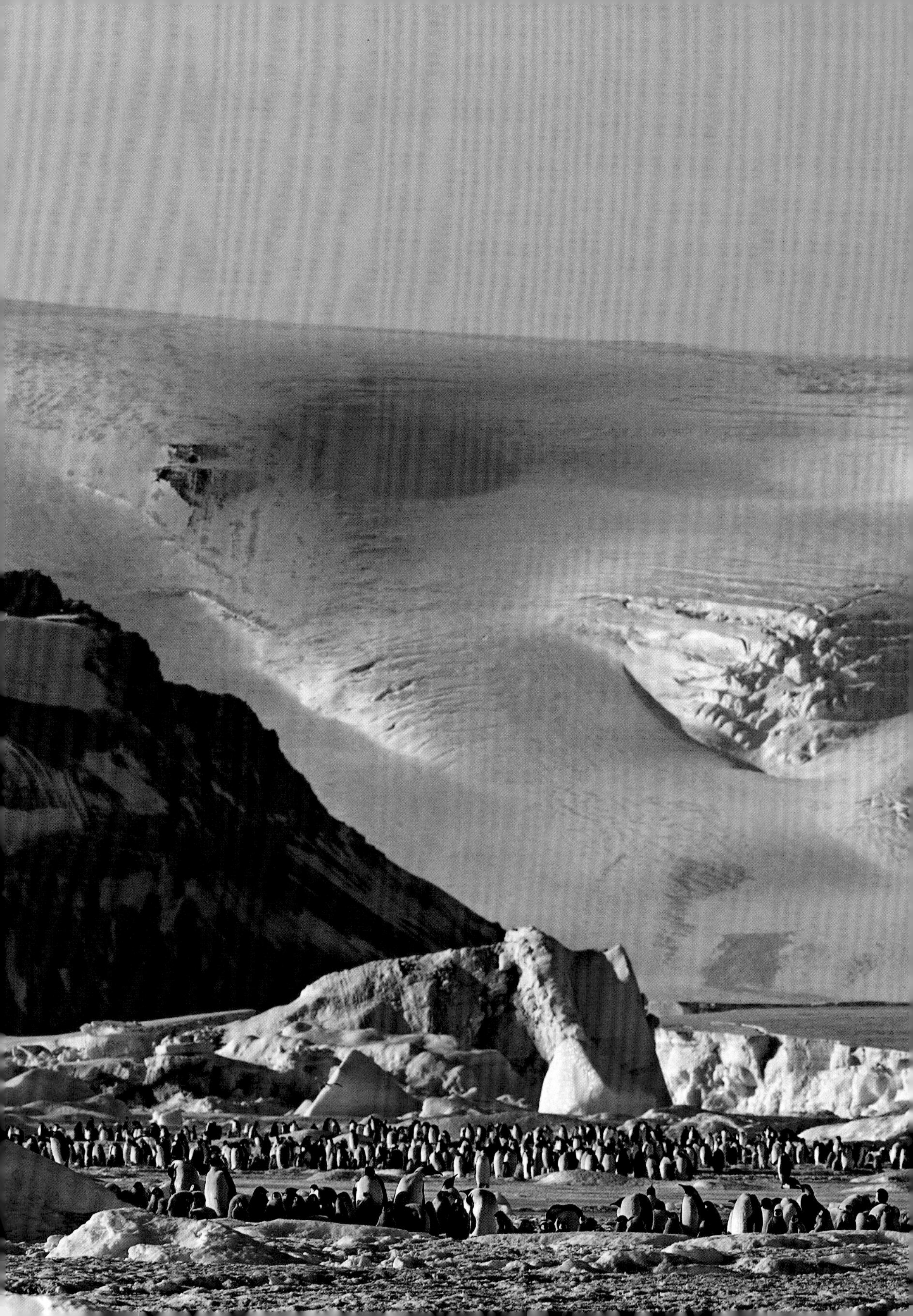

在威德尔海辽阔的冰面上，见到帝企鹅营巢地并非难事，尤其是在3月至4月的繁殖季节，这种“邂逅”更为常见。帝企鹅主要在离岸几千米远的广阔冰层上哺育后代

08

暴风以80海里/小时的速度奔袭而来，将合恩角之南德雷克海峡的波浪吹平。德雷克海峡只有1000千米宽，介于南极半岛和合恩角之间。合恩角隶属智利，是一座远离南美洲的岛屿上的岬角。浩瀚无际的南大洋在被迫涌过这条狭窄的水道时，常掀起滔天巨浪

The Southern Ocean 南大洋

环绕着南极洲的南大洋（长期以来，南大洋作为第五大洋的说法大有被正式接受的架势——译者注），是地球上最荒凉、最鲜为人知的一片汪洋。北冰洋几乎被大陆所围，而南大洋却截然相反，将整个南极大陆包围起来。南大洋哺育了无数企鹅、海豹和鲸鱼，为它们提供丰富的食物。南大洋作为世界气候系统的强大引擎，能够有力地驱动洋流的循环，甚至影响到北半球。即便是夏季，南大洋依然风暴肆虐、冰山林立、浮冰浩荡，因而成为前往南极途中的一道险阻。可以说，南大洋将南极很好地保护了起来，阻挡了人类进驻的步伐，并将来自人类的影响和冲击降至最小。由于石油及主要物资只能通过航海运抵南极，提供人们在这里生存下去的必需品就成为各国政府驻南极机构的首要责任。

随着古老的超级大陆——泛古陆（Pangaea）（2.5亿年前）逐渐地分崩离析，从余存的冈瓦纳古陆中分离出的最后一片陆地，成为连接南美安第斯山脉与现今南极半岛山体之间的桥梁。尽管这一强烈的地质构造事件被普遍认为发生在3500万年前，但科学家们至今仍为它的确切时间争论不休。年深日久，断裂的缺口逐渐变大，形成今日的德雷克海峡，南大洋亦

南大洋的汹涌波涛撞碎在巨大的平顶冰山上，怒浪排空

座头鲸在远离南极半岛海岸的梅尔基奥尔群岛旁遨游

自此生成。随着德雷克海峡越来越深越宽，南极绕极流最终形成。这个冷水带环绕南极洲自西向东不停流动，有效地将南极大陆与来自北方的温暖水流隔开。南极绕极流犹如超级高速公路，水势越来越强，南极大陆迅速变冷。冰川作用随之开始，辽阔的冰帽形成，冰川及冰架纷纷从高4800米的冰穹上流向汪洋大海。在南大洋，每年生成海冰成为一个重要的规律性特征。

南大洋的浩大表现在其面积至少占地球海洋总面积的15%，并将南极洲环绕其中，有效地保护了起来。任何时候，如果无法穿越这片100千米宽的海域，就不能完成环世界海岸线航行的伟大壮举。离南极洲最近的是南美洲，二者相距尚有1000千米之遥，穿越德雷克海峡后才能抵达。南大洋向北延伸至南极辐合带（Antarctic Convergence，即人们熟知的南极洋锋Polar Front），这是一个不断改变的生物分界（biological boundary）。在这里，冰冷的极地水流会与来自较低纬度的温水流相汇，并沉入其下。辐合带一般位于南纬45度至南纬59度之间，雾气弥漫，躁乱不安的洋流不停地向上涌动，有助于南极生物学分区的界定（biological definition）。像南乔治亚岛、南桑威奇群岛（South Sandwich Islands）坐落在辐合带之南，就此而论，属于南极洲；而其他岛屿，像澳大利亚的麦夸里岛（Macquarie Island）和新西兰的坎贝尔岛（Campbell Island）则位于辐合带以北，因此属于亚南极地区。

南大洋自西向东不停地循环流动。然而在离南极大陆沿岸更近的水域中，却有一股水流与之相反，自东向西奔流，由此形成了一片暴烈躁动的混合水域，并且在崩裂的冰架及冰山周围出现上升流及丰富的营养物质。南极辐合带周边幽冷而广袤的上升水域则受到更大的影响。混合使水中充满氧气，令此处比低盐、高层化的北极水域更具生物的丰富性。由于氧气在冷水中溶解得比在温水中更好，故而冰冷的南大洋比赤道附近的热带海域具有更高的产能。幽深冰冷的南极冰水不断地流向北半球，对其他洋流及全球气候产生深远影响。

与北极地区相比，南极地区并不能维系更多种类的哺乳动物或鸟类的生存，但是栖居在这里的物种大多数量庞大。南大洋的总生产力虽不如预想的那般大，却足以持续不断地对整个南极地区生态系统的生物多样性产生重大影响。夏季，阳光充沛，基本的营养物质如磷酸盐、硝酸盐和硅酸盐都被带上水面，浮游生物于此时大量繁殖，产生出的无数微小的硅藻（单细胞藻类）和浮游植物，形成食物链的基础。随后，这些浮游生物都被浮游动物（桡脚类动物和片脚类动物等）以及被称为磷虾的甲壳纲动物享用。磷虾虽然只有寸许长，却极有可能是地球上蕴藏量最丰富的动物。巨大的磷虾群逐渐形成，循着洋流的流向，也跟随着不断繁殖的浮游生物，绕着整个南大洋游动。依次下去，磷虾被鱼类、海豹、企鹅和其他海鸟追逐捕食，而滤食性须鲸则稳居“食物金字塔”顶端。磷虾群的数量与分布极度不均，所以温度或洋流即便是稍有变化，都会引发以磷虾为食的高一层动物的食物匮乏，从而形成生存压力。

在寒冷的冬季，南极四周结满厚厚的海冰。这一年一度的盛事，已成为地球上最为壮观的自然事件之一。冰封始于3月下旬，并于早春时节达到极点。此时，海冰的面积实际上是大陆面积的两倍，从而产生了显著的反照效果（如同一面巨大的镜子去反射太阳光），影响了全球的天气系统，而南半球更是首当其冲。第一年冻结的海冰通常有2米厚，而那些陈年的冰层能达到5米厚。在海冰的表层之下，通常生长着一种附着于海冰表面的红褐色的藻类，那是磷虾的美食。

来自南极高原的下降风受到重力的驱使，像往常一样呼啸着抵达海冰之上，横扫南大洋，很多靠近海岸的地区都不能幸免。这种风迅猛强劲，并且极其寒冷，能令海岸陷入酷寒。尽管如此，在某些区域仍然会出现强大的上升流，风势能使此地整个冬季都保持无冰的状态。

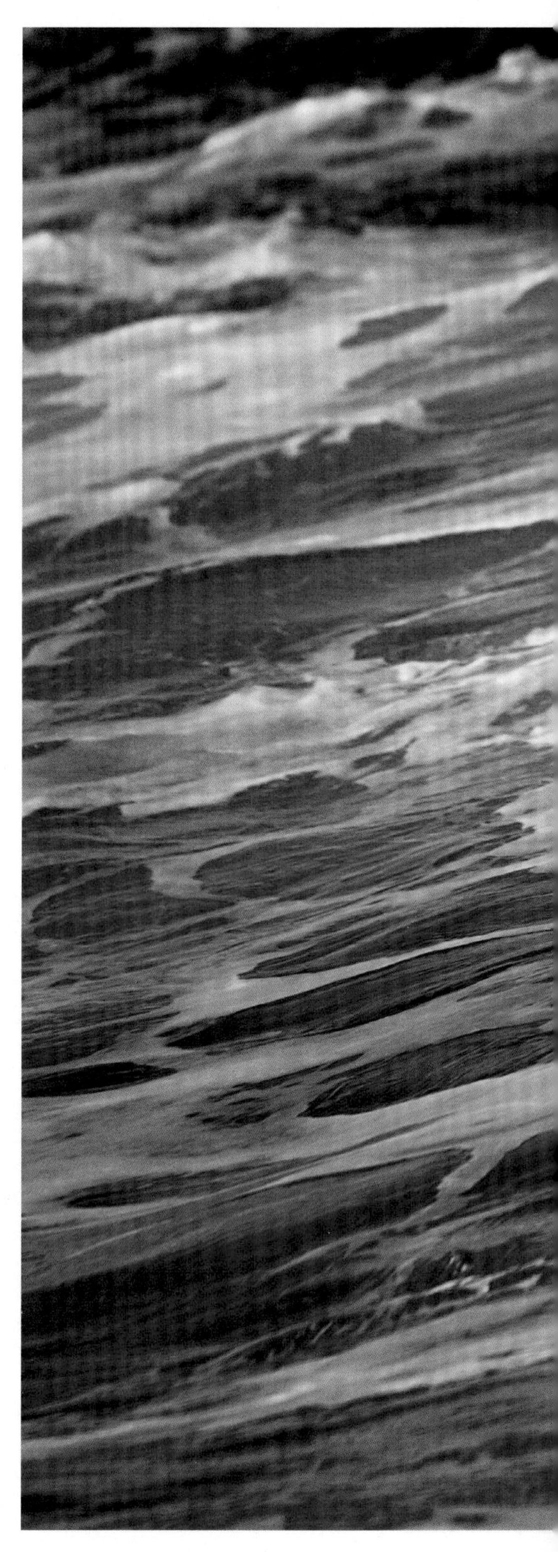

黑眉信天翁利用最小的气流就可以在南大洋的上空滑翔

巨大的平顶冰山伫立在东南极洲奥拉夫王子海岸的不远处。它们从南极洲冰架及冰川前锋处断裂而下，在风吹浪打中，向北漂移，逐渐破碎，直至消融

海星分布在南大洋海床上，以海豹的粪便为食

在南大洋水面附近，一名潜水者拍摄到一只巨大的钟形水母。水母的直径可以超过1米

所谓的冰间湖（polynya），虽然难以理解，但是却能够为鸟类及哺乳动物提供极为重要的栖息和捕食场所。

世界上共有23 000种鱼类，而南大洋的已知鱼类却仅有约120种。这些鱼通常长着瘦骨嶙峋的硕大头颅，循环系统中含有一种糖蛋白，可以有效地防止血液无红色血红蛋白细胞（red blood haemoglobin cells）冻结，实际作用类似于汽车散热器中的防冻剂。由于南大洋温度常年低至-1.8℃，这种糖蛋白就成为维持生命所必需的物质了。值得注意的是，某些鱼类，如南极鳕鱼（Dissostichus mawsoni），生活在600米深的海中，是善于深潜的威德尔海豹的主要食物。南极海底分布着海星、海绵、海葵以及各种生长缓慢的底栖无脊椎动物。

一到夏季，捕鱼船队就成为南大洋的常客。近年来，各国船只以及无国籍的“海盗船”都踏入了这片有利可图的市场，由此引发了对于捕鱼后果的激烈争论。因为对生活在海底的大型鱼类的生存模式和种群动态知之甚少，我们现在仍无从得知：这样的捕杀是一种适度的获取且可持续发展，还是一场劫难。南大洋也是一个非常重要的乌贼产区。磷虾一度被视为

豹形海豹猎杀企鹅后，会将其残余的尸体丢弃。海星正是以此为食

巨量蛋白质的主要来源，可以应对饥饿。然而，近些年磷虾的捕获却陷入困境，这主要是由于磷虾被捕捉后体内的蛋白质会迅速改变性质。即便是从南大洋捕获磷虾直接在加工船上处理，它们中的大部分最终也只能作为宠物食品或肥料出售。

在南大洋海域，远洋捕鲸依然上演着。日本人每年至少用鱼叉捕杀300头小须鲸。这一行为同样在世界范围内引发了较多的争论和抗议。面对20世纪上半叶的那场针对鲸鱼的可怕屠杀，大部分人认为应该把南大洋辟为鲸鱼保护区，神圣不可侵犯。

近几年，在亚南极和南大洋海域活动的延绳捕鲸船（long-line fishing fleet）一直在增多，导致多种信天翁数量暴跌。因为这些鸟被捕鲸船尾放出的50千米长的绳上的饵钩所吸引，常被钩住而淹溺，也有很多鸟翅膀被绳子撞伤。现在人们已开始采用灵敏系统来控制绳网，当信天翁下潜时，诱饵会快速落入水面以下，以防伤害到这些鸟，但仍然有很多成年信天翁为此丧命。更为悲惨的是，一只成年信天翁的丧生，意味着它幸存下来的伴侣不能为成长中的幼鸟带回足够的食物，从而导致巢居地中更多的生命消逝。

无论是由于自身的荒莽原始，还是由于作为南极守护神的象征性意义，南大洋的健康发展都是至高无上的。有鉴于此，对南大洋进行适当管理就显得至关重要，因而需要我们坚决贯彻执行国际协议的规章制度，诸如《南极海洋生物资源养护公约》和《南极条约》等。

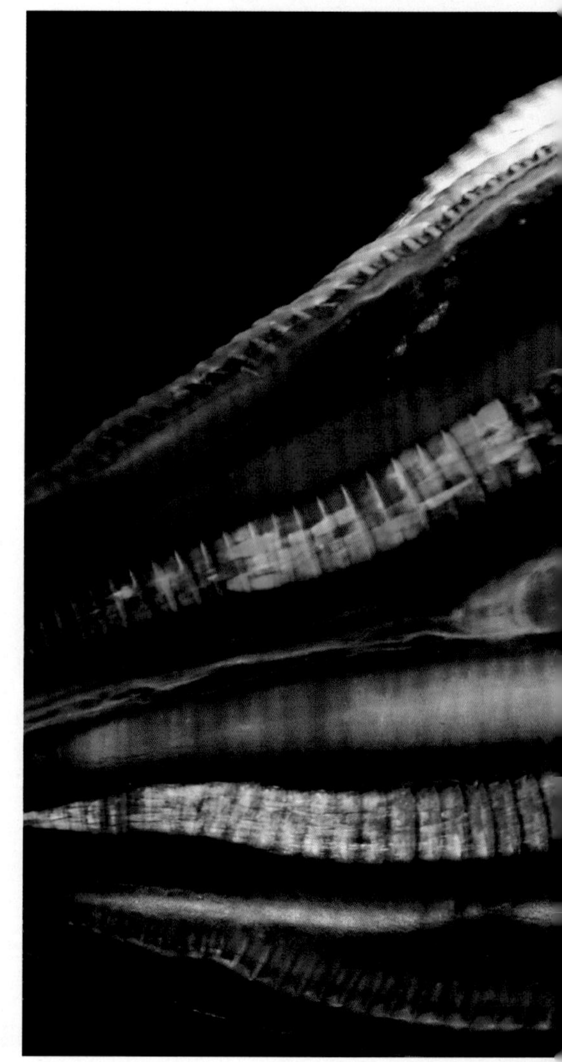

栉水母将一只南极磷虾整个吞下

在南极磷虾的胃部隐约显现出黄色的藻类

磷虾正在进食。这种小型的甲壳纲动物是南极海洋食物链中最重要的浮游动物

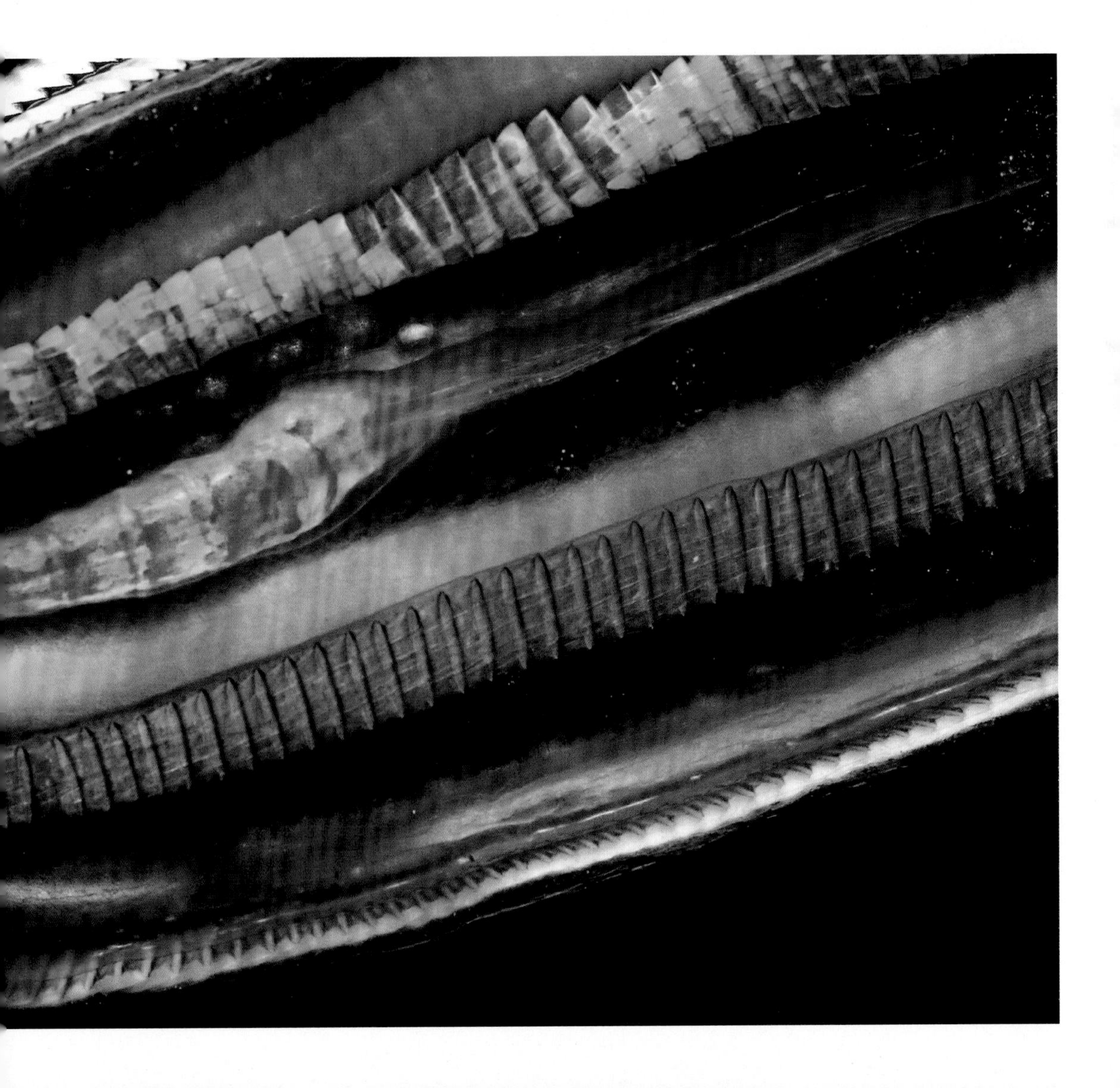

09

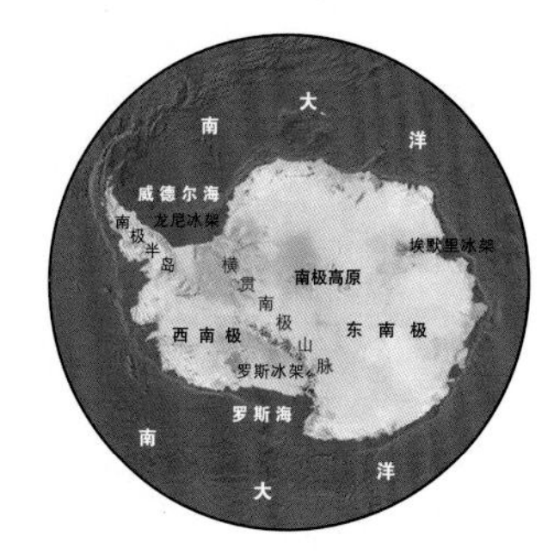

Glaciers and Ice Shelves
冰川和冰架

从太空拍摄的南极图像，呈现出一种激动人心的夺目的光彩。最显眼的是南极高原散发出的珍珠般的光泽——犹如一颗光芒四射的内核，被闪耀的日光所环绕，并反射到碎如拼图的浮冰上。而所有的这一切都将南大洋衬得更为幽蓝。与大陆紧密相连的两座冰架，平坦辽阔，成为另一个耀眼处。它们浩大辽远，相形之下，北极冰原似乎有些微不足道。再细看那些奇妙的卫星图像，我们可能看到冰川断裂的表面。冰川表面裂纹纵横，冰碛石散布其中，规模之大，实在令人惊心动魄。自然之力对这片广袤陆地的无情雕琢，使人类的所有努力都成为徒劳。然而，经过20世纪的累积，人类活动也加剧了气候变化的速度，极大危害了两极地区的冰川地貌。

南极洲的冰川始于3500万年前，与冈瓦纳古陆的断裂及南极绕极流的形成属于同一时期。这意味着，南极大陆降温时，南极高原开始初具规模。当时那片形体高大、狂风肆虐的寒冷沙漠，已然变成现在冰封千里的白色大陆，冰层厚达4800米。受重力驱使及冰体可塑性的影响，冰层开始流向大海。冰体或以冰川的形式流入南大洋，或扩展成巨大的扇形平原形成所谓的冰架。南极洲分布着为数众多的大冰川和

南极半岛的山脊严冰深结，并有很多冰川流入大海。然而南极半岛却常被称为南极洲的“香蕉带”。因为按照南极的标准来看，这里相对温暖。这是因为南极半岛有更多的降雪，每年厚达几英尺。在全球变暖趋势的影响下，南极半岛也有更多的冰雪融化，且升温速度快于地球上任何一个地方

冰舌，它们纷纷从海岸线及两座主要的冰架——菲尔希纳-龙尼冰架和罗斯冰架上探出。这里还散落着一些小冰架，最引人注意的要数埃默里冰架，它是世界上最大的冰川——兰伯特冰川的杰作。

在东南极洲，冰体同时从两个方向向大海推进。在挺进到位于南极半岛和科茨地沿岸之间的威德尔海时，形成了菲尔希纳-龙尼冰架。菲尔希纳冰架是其中较小的一部分，以德国人威廉·菲尔希纳的姓氏命名。1911年，菲尔希纳曾试图建立一座大陆桥或海洋通道，去连接威德尔海和罗斯海。龙尼冰架是其中较大的一部分，以20世纪40年代美国探险队领队芬恩·龙尼的姓氏命名。这两座冰架被伯克纳岛分开。在另一个方向上，坚冰相互挤压着通过横贯南极山脉的缺口，奔泻而下。著名的比德莫尔冰川便是以这种方式一路奔流直抵罗斯海。需要注意的是，英国探险家沙克尔顿和斯科特都曾借助比德莫尔冰川到达南极高原。在这里，所有横贯南极洲的冰川都会与来自西南极洲冰原玛丽·伯德地的大量冰体交汇。冰体相互融合并扩展至整个海面，从而形成了世界上最大的冰架——罗斯冰架。因为英国船长詹姆斯·克拉克·罗斯于1842年发现了这座冰架，遂以其姓氏命名。罗斯冰架很快以巨大的罗斯冰障（Ross Barrier）而闻名于世，因为很显然它阻挡了所有向南通达南极点的路径，故称为“冰障”。

彼得斯冰川在南乔治亚岛的哈康王湾漂入大海。它满是裂隙，行动沉重而迟缓。在岛屿的脊线上伫立着诸多高峰，大冰川从山上一路流向浩瀚的海洋

罗斯冰架的面积大致相当于整个法国，而冰层厚度各异，从横贯南极山脉附近的700米到临海边缘的300米，相差极大。它真是一个冰做的庞然大物。然而，重要的是要明白，罗斯冰架是淡水冰川冰，而非咸水冻结成的海冰。令人印象深刻的是，这座看似平坦广袤的冰原实际上处于漂移之中，而且每天都会随着潮汐周期上下收缩两次。随着压力的累积，罗斯冰架被身后涌来的更多的冰体不断地向前推进。压力伙同海岸波浪的冲击力，最终使冰体发生大面积断裂。断裂而下的部分形成了平顶冰山，构成南大洋的显著特色。平顶冰山巨大而平滑，连装有滑雪橇的飞机都可以在上面安然降落。

2000年，一座被标注为B-15的平顶冰山从罗斯冰架上断落，几年之后，漂入罗斯海。

B-15冰山影响了海冰的散布和积聚，也为企鹅返回营巢地平添波折，并使那些进出罗斯海中心麦克默多海峡的船只遭遇阻碍。这座平顶冰山长295千米，宽37千米，预计平均厚度达到200米，覆盖面积达10 915平方千米。冰山B-15日渐裂变成数个较小的个体（尽管就其本身而言仍然是较大的冰山），并耗时数年向北漂移，最远到达维多利亚地的北尖端。

通常情况下，冰架是一种平衡系统，那些流入的冰量与冰山崩裂而损失的冰量大致相当。南极洲近些年的气候比以往更为温和，冰体流速因而提升到了一个相当的程度，以致原来的平衡系统变得动荡不安，为整个冰架的灾难性崩塌埋下隐患。夏季的温暖会进一步加速冰架的塌陷，因为这样的气温会在冰架表面制造出融水池塘（pools of surface meltwater），而池水慢慢向下渗漏，不停侵蚀着冰架的基底。至关重要的是，如果冰架崩溃，那么一直担当成冰角色的冰川也会加速消融。

2002年，卫星图像捕捉到令人震惊的一幕，即附着于南极半岛东面的拉森B冰架（Larsen B Ice Shelf）轰然崩塌。随着拉森冰架的分崩离析，数以百计的巨大的平顶冰山涌入了威德尔海。不祥的是，在接下来的18个月内，附近的冰川开始以快于平常8倍的速度急速流动。虽然冰山的崩裂、甚至小型冰架的破碎都不会提升海平面，但是它们引发的冰川急速

从高空俯瞰，威廉敏娜湾冰川上最为显眼的就是巨大的裂隙

比德莫尔冰川是最大的冰川之一，以南极高原为起点，流经横贯南极山脉，最后汇入罗斯冰架之中。它于1909年被英国探险家欧内斯特·沙克尔顿发现，由此成为进入南极高原的必经之路。斯科特船长亦经由此地达到了南极点

流动一定能够做到这一点。仅在气候变化最为显著的南极半岛两侧，近年来发生崩溃或部分损毁的冰架和冰川体系就不少于7处。那就是说，在不久的将来，菲尔希纳-龙尼冰架和罗斯冰架这两个庞然大物完全崩毁，已不是一种假想。当今世界超过1亿人居住在海拔不足1米多的地方，而南极大陆所拥有的冰体却足以让海平面上升57米。可以轻易地预见到：这两座冰架的崩毁对世界各地地势低矮的岛屿以及大陆沿岸区域将造成怎样灾难性的影响。近年来，横贯加拿大北部和格陵兰的大量北极冰川及小型冰架也发生了塌陷。我们可以设想，由于气候的剧变，到了2050年，夏季的北极地区将再无海冰。

在过去的10年里，南极洲的冰川和冰架经历了史无前例的崩裂塌陷、断裂分离。它传达出一个清晰的警讯，即全球变暖是真实存在的。极地地区的冰架和冰川用其所发生的变化深刻地教育了我们如何去爱护这个星球。

10

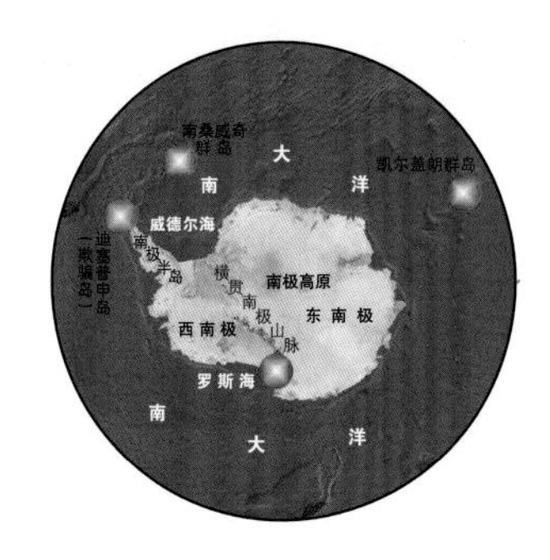

埃里伯斯山上的喷气口，高达200米，将蒸气喷入-30℃的空气中。从远处可以看到休眠的发现号火山

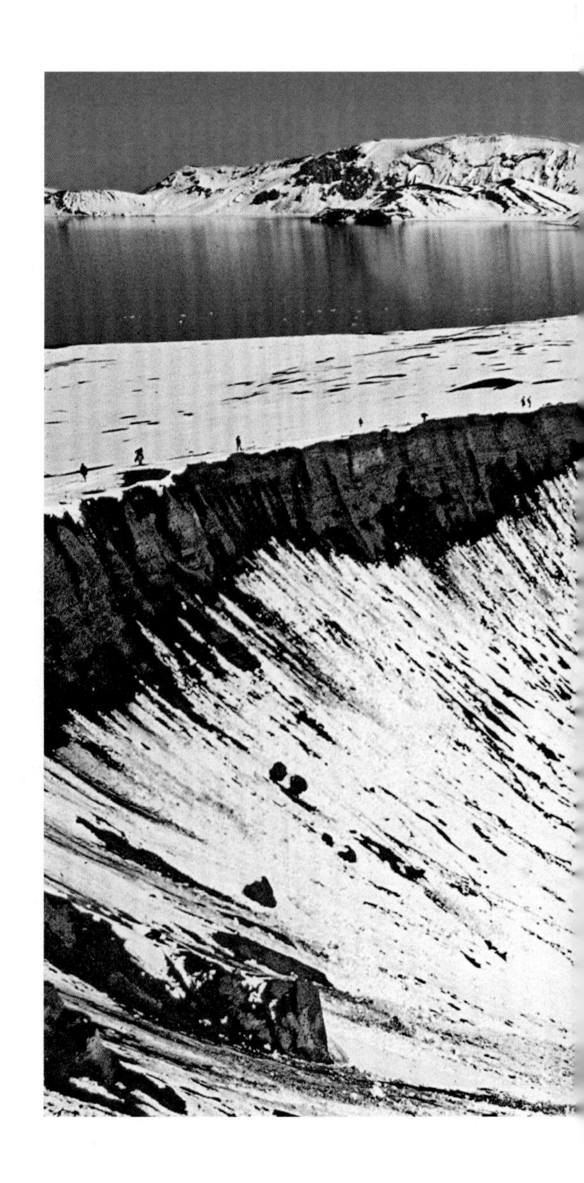

The Volcanoes of the Antarctic 南极洲的火山群

南极洲有火山。这个念头听起来荒谬可笑，甚至自相矛盾。然而，在南极半岛附近、罗斯海中心乃至偏远零散的亚南极群岛上确实发现了火山。而且，很多火山异常活跃，喷发时将火山弹抛掷到一二百米的高空，改变了海滩地貌并破坏了科研基地。最近，有的火山喷发时，甚至将熔岩浆倾入寒冷的南大洋。在南极探险的英雄时代，火山举足轻重。

南极地区的火山不仅异常壮美，而且由于纬度特殊、环境孤绝而极具科研价值。这些火山的地理位置、喷发模式以及喷发气体的化学成分一直是困扰国际科学界的难题。不仅如此，南极洲还是地震平静区，几乎没有浅源地震的记录。北极的边缘区域同样伫立着火山，像北美的阿拉斯加（Alaska）及阿留申群岛（Aleutian Islands）、俄罗斯太平洋沿岸的堪察加半岛（Kamchatka Peninsula）等均出现过火山活动。其中，最著名且多变的可能是冰岛火山周围的热间歇喷泉区带（thermal and geyser region）。与这些著名的火山相比，南极火山鲜为人知，然而却自有其独特的魅力。散布着企鹅和海豹的海冰，像一块巨大的彩色马赛克，环绕着烟雾缭绕、冰雪覆盖的山峰。

迪塞普申岛火山湖碧水深绿，形成于20世纪60年代火山爆发时。后面的主火山口连通大海

在欺骗岛活火山口的外缘，帽带企鹅群集在贝利角的海滩上。这里遍布着黑色火山岩渣，1967年和1969年的火山喷发将多层火山灰条状分布在冰川锋（glacier front）上。冰川前锋后有一个大型的帽带企鹅繁殖地

对于大多数的南极访客来说，最先遇到的南极洲火山在状如马蹄的迪塞普申岛上。作为南设得兰群岛的一部分，迪塞普申岛地势低洼，气候恶劣。然而无论天气多么阴沉，在迪塞普申岛再短暂的停留，也会给人留下久远的印象。这里扭曲的地貌让人激动不安：热气缭绕的地面布满红、赭、黑、黄等各色岩石，宛若暗调的马赛克。迪塞普申岛被冰川密布的更大的岛屿，如利文斯顿岛（Livingston Island）、史密斯岛（Smith Island）和乔治王岛（King George Island）所包围。天气晴朗时，穿过布兰斯菲尔德海峡（Bransfield Strait），南极半岛的山脊清晰可见。神奇的是，可以驾船通过迪塞普申岛崖壁的一处狭窄裂口——著名的尼普顿水道，进入位于陷落火山口中心的福斯特港（Port Foster）。然而，雾气弥漫时，在入口附近的崖壁边缘很容易被误导，很难找到尼普顿水道。所以，在19世纪20年代，迪塞普申的原义“欺骗”顺理成章地得到了海豹捕猎者和捕鲸者的认同。如今，穿过入口，在惠勒斯湾锚泊于一座废弃的捕鲸站之前，依然能一眼看到海滩上从黑色火山岩的孔洞中升腾而出的水汽和硫黄气体，嗅到从黑色的火山渣海滩下面的通风孔中飘散出来的各种气味。到了1923年，这里的水质已酸化到能腐蚀掉船体油漆的程度。

1967年的火山大爆发完全摧毁了位于彭迪尤勒姆湾的智利塞尔达（Cerda）科研基地。塞尔达科研基地坐落于离火山口最远的海滩上。这次喷发也严重损害了惠勒斯湾里建于“二战”期间的英国比斯科（Biscoe）科研基地。两年后，又一次的火山大喷发使周围的地貌发生了巨变，也迫使人们彻底放弃了这个基地。

在南桑威奇群岛的桑德斯岛上，阿德利企鹅和帽带企鹅沿着黑色的火山沙滩摇摆而行

彭迪尤勒姆湾极具吸引力。当潮水来袭时，如果有足够的勇气，就可以在海岸旁这片带有火山余温的浅且窄的水中游泳。爬到附近的高山上，向20世纪60年代喷发形成的一个巨大火山口内眺望，也是一件十分有趣的事。只有很少的帽带企鹅会冒险进入迪塞普申岛的火山口，其余大部分则栖居在岛屿边辽阔的贝利角营巢地中。经常有一些迷路的海狗在夏末时分来到岸上，在惠勒斯湾的捕鲸站废墟里小睡。靠近岛屿边缘的缺口，即尼普顿隘口（Neptunes Window），伫立着一座布满青苔的悬崖。悬崖峭壁之上，一群岬海燕在易碎的赭色岩石的斑状裂缝中快乐地巢居。

离开迪塞普申岛和南设得兰群岛，从南极半岛向东北的南乔治亚岛航行600千米，首先遇到的是南奥克尼群岛。1903年，一支苏格兰探险队驾驶着“斯科舍”号抵达这里，并用了一年的时间进行科学考察。后来，研究南极板块构造的现代地质学家将这艘船的名字赋予了一条长4000千米的海底山脉——斯科舍岛弧（Scotia Arc）。海底山脉将活跃的地质构造板块一分为二。斯科舍岛弧始自南设得兰群岛，穿越奥克尼群岛，经过一个巨大的回环，绕回南大洋底，止于南乔治亚岛的高峰间，然后向西朝南美洲伸展。在斯科舍岛弧的最东端，坐落着南桑威奇群岛。它是南极岛群中最荒凉偏僻且最人迹罕至的一个。

南桑威奇群岛由詹姆斯·库克船长于1775年首次发现（之后有俄国人撒迪厄斯·冯·别林斯高晋的许多重大发现），它包含11座岛屿，蜿蜒成一条长240千米的长链，从南纬56度一直延伸到南纬59度。它是由南桑威奇小板块之下南美板块的快速潜没而形成的（南桑威奇板块仅存在了800万年，以每年7厘米的速度向东移动）。板块的刚性对撞

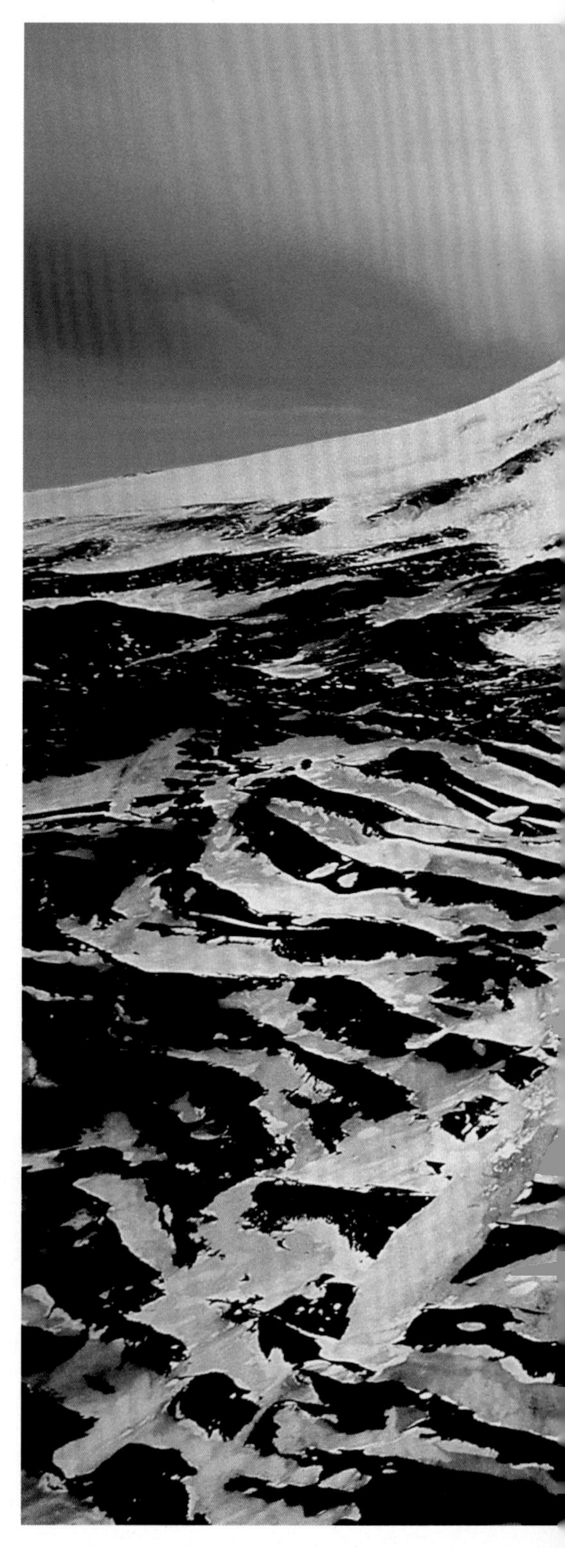

桑德斯岛上的活火山鸟瞰图

产生了温度和压力的变化，改变了岩石，形成了活跃的玄武岩火山，如桑德斯岛（Saunders Island）上的迈克尔山（Mt. Michael）。其他的火山则坐落在那些崎岖不平并部分冰川化的岛屿上，如图勒岛（Thule Island）、布里斯托尔岛（Bristol Island）、坎德尔默斯岛（Candlemas Island）和扎瓦多夫斯基岛（Zavodovski Island）。2002年，蒙塔古岛（Montagu Island）进入了3年的密集喷发期。虽然这样的喷发很难从船上看到，而且由于云层的覆盖更无法从空中观察到，但是2005年的卫星记录显示，蒙塔古岛的最高峰贝琳达山（Mt. Belinda）喷出大量的岩浆，顺着盖满冰雪的山坡向下流淌。岩浆如同瀑布般喷射，倾泻入南大洋，产生了大量的蒸汽，最后形成一片新陆地。从南桑威奇群岛向东，就是南纬54度的休眠火山布韦岛（Bouvet Island）。严格来讲，它应该属于南大西洋的亚南极区域。虽然布韦岛早在1739年就被法国人发现，却在1928年由挪威政府正式宣布为属下领土，从此，它正式的挪威名称为Bouvetoya。布韦岛是世界上最遥远的岛屿，离它最近的陆地是东南极洲的毛德皇后地，在其南大约1600千米处。

在南印度洋南纬49度处伫立着罗斯火山。罗斯山在格朗德特尔岛（Grande Terre）上，是凯尔盖朗群岛（Kerguelen Islands）300座岛屿中的最高峰。自从群岛于1722年被法国人发现后，就从来没有过火山喷发的记录，但是在山峰两翼，依然有活动的气孔（active fumerole）。“咆哮40度”还包括其他的火山群岛，比如位于南纬46度的法属克罗泽群岛中的6座岛屿，以及位于爱德华王子岛（Prince Edward Island）群中的南非马里翁岛（Marion Island）。这些亚南极群岛上栖息着大量的王企鹅、竖冠企鹅（macaroni）、跳岩企鹅和巴布亚企鹅，同时也是许多信天翁和其他海鸟的家园。

帽带企鹅从火山岩崖上跳入奔涌的浪花中

在扎瓦多夫斯基岛上，栖息着数百万的帽带企鹅。该岛是南桑威奇群岛中的一座活火山，绿藻点染着白雪

到21世纪为止，亚南极群岛中最美丽的火山要数大本山（Big Ben）。它隐藏在南纬53度南印度洋之中，被厚厚的冰雪所覆盖，是赫德岛（Heard Island）的主要表征。大本山的顶峰为莫森峰（Mawson Peak），海拔2745米，是澳大利亚领地内的最高峰［澳大利亚本土的实际最高峰是科西阿斯科山（Mt.Kosciusko），海拔2228米］。源于大本山25千米宽的火山口的冰川约有12条。火山上一次喷发是在2001年，壮观的岩浆流点亮了夜空中的云彩。一艘澳大利亚政府轮船上的船员有幸目睹了此景。赫德岛上有火焰和冰雪，下有丛生的杂草和狂风肆虐的海滩，是珍贵的野生动植物保护区。这里聚集着挤来挤去的王企鹅和打着嗝的象海豹，一派迷人的南极野生风光。

南极大陆最高的火山是位于玛丽·伯德地的西德利山（Mt. Sidley），海拔4181米。在西南极洲的这一带，还有许多略矮的火山，如汉普顿山（Mt. Hampton）、短翅水鸡山（Mt. Takahe）以及斯蒂尔山（Mt. Steere）。这些火山尽管庞大，仍然努力将火山口拔于冰盖之上。也许海拔3110米的赛普尔山（Mt. Siple）是玛丽·伯德地最优雅的火山。驾船沿赛普尔海岸航行时，能以最佳角度观测到它经典的火山穹状圆顶。玛丽·伯德地还有一些休眠火山，尚不能穿过西南极冰盖的厚厚覆盖而探出头来。

横贯南极山脉穿越维多利亚地（Victoria Land），其上最高的火山是欧弗洛德山（Mt. Overlord），海拔3395米。欧弗洛德火山的峰顶岩石历经700万年，故被认为已然熄灭。墨尔本山（Mt. Melbourne）（2732米）位于北维多利亚地罗斯海岸的中段，山顶附近蒸汽的气孔和温热的成块泥土证明了此处有火山活动的迹象。生存在这个温暖环境中的藻类和细菌，适应力极强，并被《南极条约》的规则小

罗斯岛中心的埃里伯斯活火山主火山口俯视图。埃里伯斯是一座相对年轻的火山，只有约100万年的历史。而其附近的火山，如特拉诺瓦山、伯德山及恐怖号山则要古老得多

埃里伯斯山峰顶风云变幻。巴恩冰川从埃里伯斯山流入麦克默多海峡

心地呵护着。这里亦被划为“特别保护区”。墨尔本山还以山下海冰上的帝企鹅营巢地而闻名。

南纬78度的麦克默多海峡里有一群古火山，包括发现号山（Mt. Discovery）、黎明号山（Mt. Morning）以及罗斯岛上的恐怖山（Mt. Terror）和特拉诺瓦山（Mt. Terra Nova）。埃里伯斯山（Mt. Erebus）海拔3794米，耸立于罗斯岛中心，是南极洲最著名的火山。与周围那些古老的休眠火山不同，埃里伯斯山一直处于活跃期，并有一个泛着漩涡、永不干涸的火山湖（世界上仅有的几个火山湖之一）。它每天会不定期地喷发几次，将熔浆弹射入天空。

一百多年前的1908年3月，欧内斯特·沙克尔顿率领着英国南极探险队的地质队员们首次登上了埃里伯斯山。自从这种冒险与科研相结合的模式出现以后，埃里伯斯山一直吸引着众多的登山家与科学团体。20世纪70年代中期以来，随着后勤保障支持的完善，更加深入细致的科研工作成为可能。每年夏天，都有许多专业的团队，包括那些研究山顶气孔喷出气体的化学成分的地球化学家，在火山口附近展开科研工作。人们在距新西兰斯科特基地和美国麦克默多站50千米以外的火山口边缘设置地震仪以传送信息，对地震活动实现了远程监控。植物学家也对发现于山顶周边热土中的繁茂植物进行了非常详细且专业的分类。

自从詹姆斯·克拉克·罗斯爵士于1842年驾驶“埃里伯斯”号与“恐怖”号进入罗斯海以来，南极洲火山为科学家们带来了很多难题。如今，在罗斯探险航行的166年后，我们开始寻找这些地质谜题的答案。无论在亚南极的外围区域，还是在罗斯海的中心，南极火山都继续占据着我们的想象。在冰与火的交融下，这片大陆依旧神秘而美丽。

11

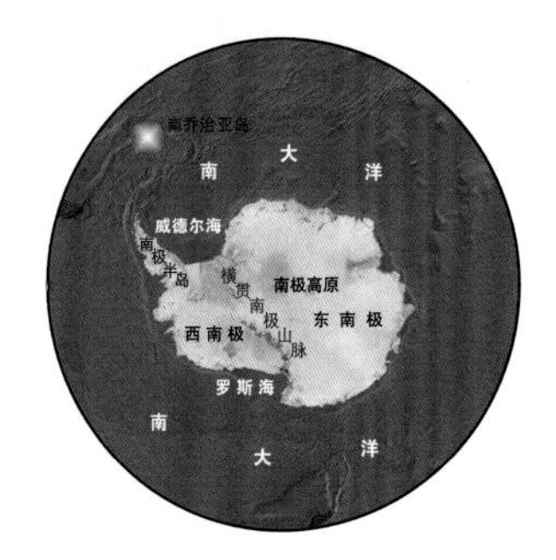

South Georgia
南乔治亚岛

南乔治亚岛是极地世界最美丽的岛屿。积雪覆盖的白色山巅、宛若翡翠的绿色海湾、幽蓝的冰川，构成了一处绝妙的野生动植物庇护所。它是风雨飘摇的南大洋中的一座“绿洲”。数不尽的海豹、企鹅以及处于繁殖期的海鸟，包括强壮有力的信天翁，都在这里安然栖居，还有成群的驯鹿奔跑在小岛上，它们是由挪威捕鲸船带入此地的。虽然南乔治亚岛呈现出亚南极岛屿的特点，但它确实是南极洲的一部分，因为它坐落于南极辐合带以南。在辐合带，寒冷的南大洋水体会流到较温暖的中纬度海水之下。欧内斯特·沙克尔顿爵士将南乔治亚称为“南极通道”。这座岛处于南大西洋之中，岛上诸峰严冰深结，经常乌云密布。在阵阵寒风的吹送下，冰冷的云雾划过那些陡峭而满是裂纹的冰川。冰瀑坠入海边的港湾和峡湾，化为冰山和海冰将其堵塞。风暴是南乔治亚岛的常客，它总是不期而至，以飓风般的力量，重重地撞击着海岸线。它迅猛而强劲，让人无法辨清方向，或轻易地就被吹走；它还损毁宿营地，将拖锚（anchor drag）的船只搁浅。然而，令人难以理解的是，转瞬之间，一切又归于平静，呈现出一种极致的安静。登山家、船员、科学家和游客都对南乔治亚岛怀有至高

图为斯特伦内斯湾。它和附近的利思湾、胡斯维克湾各有一座挪威捕鲸站。这些捕鲸站始建于20世纪初期，如今已被废弃

山峰沿着南乔治亚岛的山脊依次排开，壮美而恢宏。这里冰川无数，多半奔流入海

坎宁安山位于南乔治亚岛偏远的西南海岸，高耸于沙勒普湾之上，山顶为积雪所覆盖

无上的敬畏。这座岛从南大洋中陡然拔起，原始荒芜，偏僻孤绝，甚至感觉比北极任何一个地方都要遥远，即便是斯瓦尔巴群岛（Svalbard Archipelago）和广袤的格陵兰岛（Greenland）都甘拜下风。你无法买到前往南乔治亚岛的机票，或在那儿期待任何营救。乘船来此的人一定怀着极大的兴奋、恐惧和深沉的历史感。他们期待去接近那些对人类懵懂无知、毫无戒心的野生生灵。在海岸周围，你所能想象到的野生动植物济济一堂，那场面最是可爱，又最是迷狂。当你站在海岸上，面对着一群喧闹拥挤的王企鹅和它们棕色绒毛的幼崽时，那种体验真是无与伦比。假如你乘风破浪来到岸上，就能见到把守在这里的海狗和粗俗的象海豹，在满是卵石和碎渣的道路上笨重而缓慢地挪动着。海岸上空，乌信天翁整齐划一地越过悬崖之巅，同时发出"哔——啊——"（peeee-aaah）的鸣叫，萦绕天际。漂泊信天翁是最伟大的长途飞行员，然而也愿意以此为家。在南乔治亚岛这些野生动植物旁边静静安坐，是大自然给予的最大的恩典。

南乔治亚岛最近的邻居是马尔维纳斯群岛（Malvinas Islands），位于其西面1400千米处，而南极大陆则坐落在其南面约1500千米处，只有横渡风狂雨暴的南大洋才能抵达。南乔治亚岛形似一弯新月，大概有170千米长，30千米宽。岛上秀峰林立，海拔2934米的帕吉特山（Mt. Paget）是令人敬畏的阿勒代斯岭（Allardyce Range）的最高峰和最耀眼的景致。这里海拔超过2000米的山峰有12座，其中一些坐落在迷人的萨尔韦森岭（Salvesen Range）上。南乔治亚岛连同附近的南奥克尼群岛、南桑威奇群岛活火山群一起，构成了斯科舍岛弧。斯科舍岛弧是一条巨大的海底山脉，远离南极半岛向东北方向迤逦而去。

虽然人们早在1675年就看到了南乔治亚岛的身影，但是第一次成功登陆却是在1775年由詹姆斯·库克船长完成。库克上岸后即刻宣称了领土主权，并将其命名为乔治三世岛（King George III Island）。然而，当库克意识到他发现的是一座岛而非期望中的南方大陆的尖端时，非常失望。可正是库克的报告，导致了英国和美国的海豹捕猎船驶往靠近南极半岛尖端的南乔治亚岛和南设得兰群岛。自1788年始的短短40年间，这些入侵者大肆屠杀海狗，使其几近灭绝，而至少有100万张兽皮被剥掠。如今，海狗的数量已经反弹至250万，甚至超过了原先。现在，许多海滩几乎难以登陆，因为海狗在护卫着自己的领地，强悍异常。由于繁殖地越发拥挤，压力与日俱增，海豹爬向海岸高处另觅居所，却给草丛植被带来严重损害。静坐在南乔治亚岛海岸，看着成群的海狗宝宝欢腾跳跃，在布满巨藻的岩石上嬉戏，你的内心会充满无限喜悦。

然而，1904—1965年，南乔治亚岛周边海域发生的捕鲸行为，使得该岛举世瞩目。20世纪早期，在海滨北岸那片避风的无冰海湾，耸立起6座庞大的挪威捕鲸站。在此期间，被屠杀并被加工处理掉的蓝鲸和其他大型鲸鱼的数量之多，令人难以置信。人们热切地寻求珍贵的鲸油来制作油灯、润滑剂以及食料，比如人造黄油。仅1925年1年，就约有5700只长须鲸和3700只蓝鲸被屠杀。现在，只有日本人还继续在南大洋深海区限量捕杀小须鲸，而南乔治亚岛的捕鲸基地则早已被废弃，徒留斑斑锈迹。格吕特维肯捕鲸站的大部分装置已被拆除，而石棉及废油则被掩埋或移走。如今的格吕特维肯建起了一座精美的博物馆，不仅详细记录了南乔治亚岛丰富多样的植物群和动物群，还记载了关于此岛的探险、捕鲸、登山以及科研的历史。

南乔治亚岛永远都和英国南极探险家欧内斯特·沙克尔顿爵士联系在一起。1916年，沙克尔顿穿越南极的探险船“持久号”在威德尔海搁浅，船员侥幸存活下来，沙克尔顿则驾驶救生艇前往南乔治亚

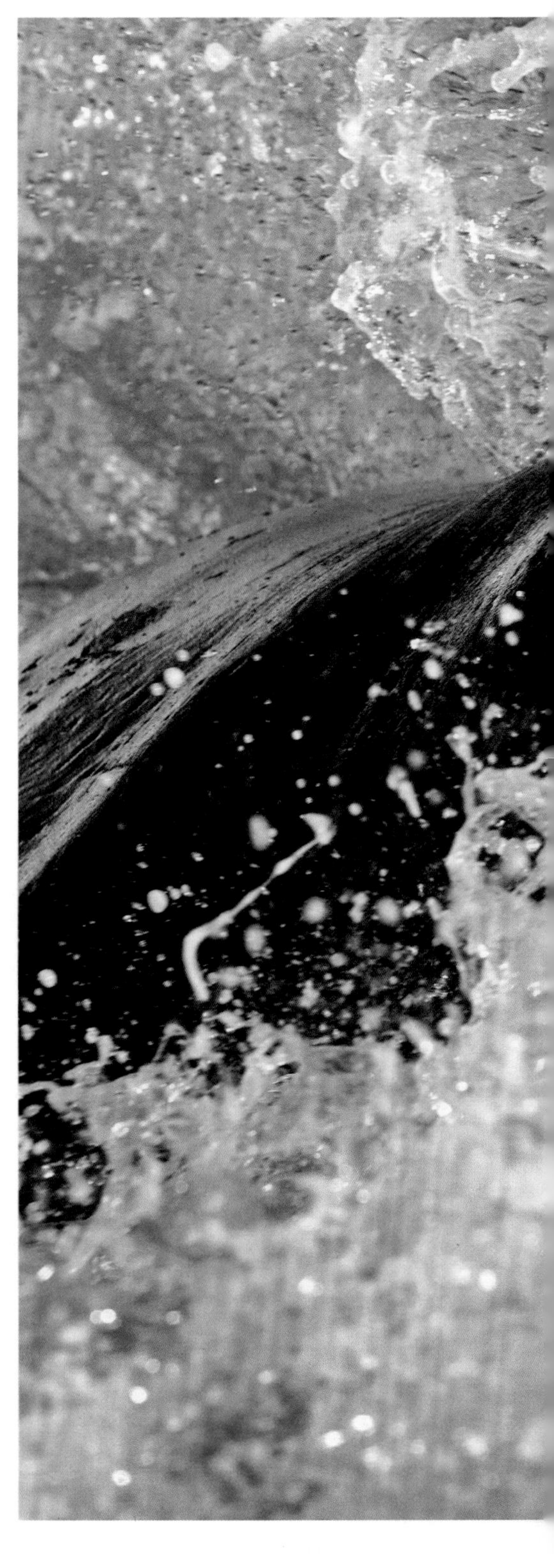

一只雄性象海豹在海上度过了漫漫长冬后冲入水中，向南乔治亚岛的海滩破浪而去

大地回春，一场抢夺配偶的恶性争斗在雄性象海豹之间爆发。它们的圆鼻子和布满褶皱的颈部往往因此受到重创，惨烈异常

岛寻求援助。这一段故事传颂至今，成为南极探险的壮丽史诗之一。1922年，沙克尔顿在格吕特维肯辞世，长眠于捕鲸者公墓中。如今，南乔治亚岛吸引了很多海上来客，他们热切地渴望见到这里的野生动植物，或爬上山顶，或只是纯粹地向沙克尔顿一表敬意——沿着逝者走过的路，从哈康王湾（King Haakon Bay）到斯特伦内斯捕鲸站（Stromness whaling station），一路穿岛屿的中心而过。

当南乔治亚岛的高山美景与野生动植物的丰富多样交汇在一起时，就变得几乎无可匹敌了。在群岛湾（Bay of Isles）、圣安德鲁斯湾（St. Andrews Bay）和罗亚尔湾（Royal Bay）聚集了大量的王企鹅，分别为40 000对、39 000对和9000对。其中，任何一处庞大的王企鹅营巢地都会令到访者情绪激动，目眩神迷。王企鹅的繁育期十分独特，长达18个月。企鹅群如此庞大，所以，总是有胖胖的王企鹅幼崽在营巢地中挤作一团，海豹捕猎者称它们为“棉絮宝宝”或“棉絮娃娃”（oakum boy）。王企鹅的营巢地非常吵闹，并且泥泞不堪。因此，当看到一群群成年企鹅避开幼崽，来到海滩，在海浪中冲洗并打理自己的羽毛时，真觉得非常奇妙。与来自南极洲中心地带那位著名的表亲——帝企鹅相比，王企鹅身形稍小，体重也略轻。尽管如此，王企鹅却凭借脖颈上耀眼夺目的橘黄色羽毛，成为各种企鹅中最引人瞩目的一种。

南乔治亚岛还分布着帽带企鹅、巴布亚企鹅和马可罗尼企鹅的营巢地。尽管这些企鹅通常都选择杂草丛生的陡峭地面繁衍生息，但有时也在悬崖的边缘落户。马可罗尼企鹅是世界上数量最多的企鹅，约有900万只。在极地附近的许多亚南极岛屿上到处可见其身影，而南乔治亚岛则可能是其最大的繁殖地。较之跳岩企鹅，马可罗尼企鹅更重，也更高大一些。跳岩企鹅通常与马尔维纳斯群岛的关系更紧密。它们浓密的黄眉毛成为一种绝佳的羽饰，显得滑稽可笑，倒与其源于民间歌谣“扬基歌”（Yankee Doodle）的名字很合拍。（马卡罗尼原文macaroni，意为“花花公子”。——译者注）

南乔治亚岛上，除了滑稽可爱的企鹅外，还有

很多其他的海鸟，比如海燕、鸬鹚、贼鸥、燕鸥和针尾鸭（pintail duck）。然而，只有优雅的信天翁脱颖而出，成为这个舞台真正的明星。乌信天翁平静而安详，略显孤高，羽翼绝美，黑眉灰首，即使处在最艰难的环境，依然飞得优雅而有力。

让漂泊信天翁引以为傲的，既有其魁伟的身躯——翼展2.5～3.5米、重6～11千克，也有其远距离飞行的能力。这种能力足以让它们跨越南大洋寻找其主要食物——乌贼。漂泊信天翁已屡有在南纬度地区环球飞行的记录，其中一次是9星期穿越25 000千米。它们飞越浩瀚大海，寻找其中小如星点的陆地，如南乔治亚岛。这样的能力（与太阳、星辰和磁力线都有关系）让人难以理解，且印象深刻。

“延绳钓”技术的应用，导致大量的信天翁淹溺致死。因此，所有的信天翁均面临生存的威胁。

如今，南乔治亚岛所有的鸟类和动物均被全面保护起来。当地捕鱼业的运作也受到严密监控，从而将信天翁种群所受的影响降至最低，并杜绝滥捕乱杀现象的发生。人们为南乔治亚岛未来的科研项目、捕鱼和旅游制定了和谐共存的管理计划，并将严格地实施，以确保这座珍贵的岛屿永远真纯美丽、完好如初。

南乔治亚岛上的南极海狗曾一度遭到猎杀，几近灭绝。如今，海狗的数量已然得到恢复

巍峨俊美的山峦耸立在南乔治亚岛北岸的圣安德鲁斯湾之上。该湾以拥有庞大的王企鹅营巢地而闻名

晨曦照亮了格吕特维肯附近高达2325米的舒格托普山。在登山探险协会的特许下，越来越多经验丰富的游艇船员开始涉足南乔治亚岛诸峰峰底。这些山峰中的大多数从未被人登临

阿勒代斯岭的山峰在地平线上熠熠生辉，而最近的一场降雪则将陈旧的挪威捕鲸站所在地——格吕特维肯完全覆盖

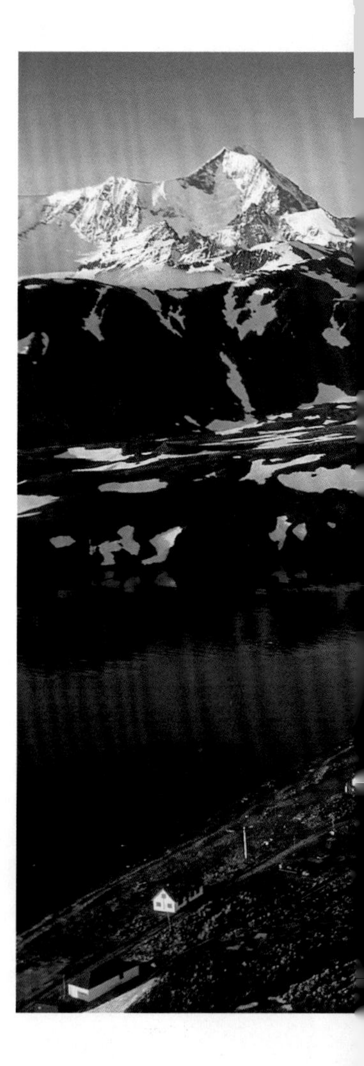

如今，捕鲸时代已告终结，一艘废弃的捕鲸艇搁浅在格吕特维肯的海岸边

在一座破旧的捕鲸站中，一只南极海狗趴在生锈的油桶上

格吕特维肯捕鲸站现已被拆除，人们还采取了预防措施，以避免来自捕鲸站石油和石棉的任何污染。英国人在这里建造了一座宏伟精致的博物馆，同时还建立了一个被称作“爱德华王角”的科考站

南乔治亚岛的东北海岸以拥有王企鹅的大型营巢地而著称，比如圣安德鲁斯湾、索尔兹伯里平原、罗亚尔湾及露脊鲸湾等处。王企鹅的羽毛异常华丽，身形比帝企鹅略小，姿态古怪，滑稽可笑

王企鹅挤挤攘攘地塞满戈尔德海港的营巢地。雄性王企鹅和雌性王企鹅的羽毛十分相似，几乎无法分辨。王企鹅的繁育期长达18个月。这就意味着，在营巢地内几乎总是有小企鹅摇摆着走来走去

一只胖得活像一只小桶的王企鹅宝宝跌倒在露脊鲸湾的雪地上

一只王企鹅以反刍的形式将乌贼和磷虾的浆体注入自己孩子的口中。处于生长期的企鹅幼崽，总是处在饥饿中

在露脊鲸湾的营巢地上，王企鹅幼崽长出了一层棕色的柔软细毛，彼此簇拥着挤在一起

南乔治亚岛以寒风强劲而著称，一场暴风雪几乎将圣安德鲁斯湾的王企鹅全部覆盖

一只孤单的巴布亚企鹅返回海中去寻觅磷虾。巴布亚企鹅是“硬尾”种群中最不具攻击性的一种。“硬尾”种群还包括烦躁好斗的阿德利企鹅和帽带企鹅。这一种群之所以被称为“硬尾”，是因为其尾部羽毛坚硬。这样的尾羽，在陆地上可以用来保持平衡，而一旦入水游弋，则可以做船舵用

巴布亚企鹅漫步在南乔治亚岛的海滩上

极具侵略性的南极贼鸥以企鹅幼崽为食，它们互相之间也会为了企鹅蛋、企鹅幼崽及海豹胞衣（afterbirth）而争吵厮打

普赖恩岛位于南乔治亚岛北部海岸的不远处，草木繁茂。一只年幼的漂泊信天翁在这里伸展开自己稚嫩的翅膀

在普赖恩岛，一袭黑衣的乌信天翁把巢穴建在群居地，并在宽大的巢里产下了一颗蛋

南乔治亚岛海角上空形成的荚状云（lenticular clouds），预示着一场暴风即将掠过岛上诸峰，呼啸而来

12

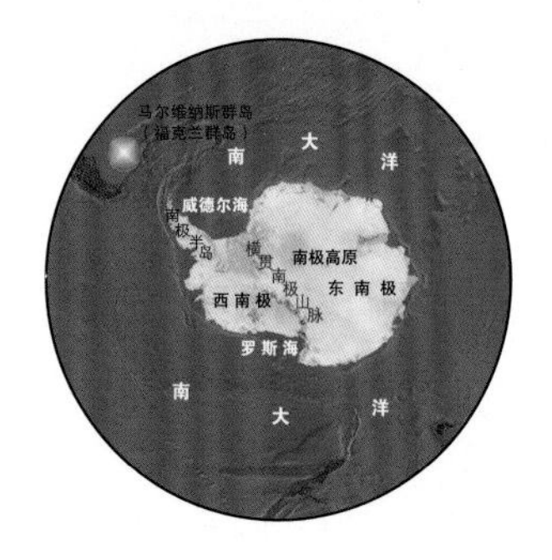

马尔维纳斯群岛处于南大西洋和南大洋之间，所以常常遭受暴风巨浪的侵袭

Malvinas Islands
马尔维纳斯群岛

在一本关于南极的书中记述马尔维纳斯群岛，尤其是这些岛上还居住着牧羊人、50万只羊、渔夫和军事人员。这似乎有点奇怪！马尔维纳斯群岛的首府位于斯坦利，那里有一座大教堂，人口大约2000，占群岛总人口数的2/3。其他的岛上居民则住在小型定居点中，或在乡下“安营扎寨”。1982年，由于阿根廷与英国之间爆发了一场持续2个月的战争，马尔维纳斯群岛成了世界关注的焦点。战争还波及通往南极的首要门户——南乔治亚岛。尽管这片美丽的群岛坐落在南大西洋的末端，实质上却与那些伫立在南大洋边缘的岛屿一样，同属亚南极地区。马尔维纳斯群岛位于南纬51度，与布韦岛、赫德岛及奥克兰群岛（Auckland Islands）大略处于同一纬度。毫无疑问，马尔维纳斯群岛上的营巢地显得更加生机盎然。这里有麦哲伦企鹅、巴布亚企鹅、跳岩企鹅的居所，还有王企鹅的小型繁殖地以及其他海鸟如黑眉信天翁的巢穴。这里是野生动植物最美妙的乐土。由于马尔维纳斯群岛位于前往合恩角的航道上，所以从1660年至18世纪早期，荷兰、西班牙和法国的航海探险家都在各种航行报告中宣称曾一睹其芳容，也有人认为是一只英国船在1592年最早发现了马尔维

现为私人所有的比弗岛是马尔维纳斯群岛的组成部分，也是其典型代表。岬角高低不平、粗糙崎岖，海滩上狂风席卷而过

纳斯群岛。从对合恩角的探险开始，群岛崎岖不平的海岸线上便开始留下遇难船只的残骸，有证据显示，人类极有可能在更早的时期驾着独木舟从火地岛（Tierra del Fuego）抵达马尔维纳斯群岛。在这里还发现了一种类似狐狸的犬，即南极狼（warrah）（现已灭绝），也可以作为人类曾在早期抵达该地的一个证据。另一种可能是，在上一个冰期，人类通过大陆桥首次抵达这里，并定居下来。

马尔维纳斯群岛坐落于较浅的巴塔哥尼亚（Patagonian）大陆架边缘，分为两大主岛——西马尔维纳斯和东马尔维纳斯，另有约700座外围小岛，陆地总面积12 000平方千米。东马尔维纳斯的最高峰为尤斯伯恩山（Mt. Usborne），耸起于泥沼平原之上，海拔705米。阿根廷的巴塔哥尼亚海岸位于群岛以西482千米，南乔治亚岛则坐落在群岛以东1110千米，需要穿过一片开阔的海面才能到达。与其他亚南极岛屿不同的是，人们能从英国和智利飞往马尔维纳斯群岛。英国南极调查局［简称BAS，一度称为马尔维纳斯群岛属地调查局（Malvinas Islands Dependencies Survey）］可以驾驶补给飞机从斯坦利机场起飞，沿南极半岛山脊一路前行，降落在阿德莱德岛上英国南极调查局的罗瑟拉（Rothera）基地。毫无疑问，马尔维纳斯群岛是前往南极的重要通道。

人们理所当然地认为，马尔维纳斯群岛是观测某类企鹅或海鸟的最佳地点之一。随着牧羊业的日渐衰退，群岛周边的捕鱼业和油气（hydrocarbon）勘探业开始崛起，生态旅游业亦方兴未艾。现在，有许多鸟类学家、摄影师和画家来到马尔维纳斯群岛，或栖居乡野感受野生生灵，或航行海上探访南极半岛和南乔治亚岛。许多岛屿，如桑德斯岛（Saunders Island）、海狮岛（Sea Lion Island）以及新岛（New Island）都归属私人所有。原来的农民变成了热切的自然资源保护主义者，极力保护着那些在他们土地边缘上繁衍生息的生物。同时，与之相应的严格的环境制度也得到制定并实施。

巴布亚企鹅屹立在马尔维纳斯群岛的海滩上，直面暴风骤雨

马尔维纳斯群岛植物和鸟类的栖息地各式各样，有空旷的沙丘，亦有遍布泥炭沼泽、潮湿异常的高地。现在，这里的居民仍挖掘并燃烧泥炭来为家庭供暖。海岸周边聚集了一簇簇茂密的生草丛（parodiochloa flabellate），高1.8米，而在那些没有过度放牧的地区，生草丛高达3～4米。生草丛底部的基座可以为许多鸟类提供完美的筑巢藏身之所，比如麦哲伦企鹅、锯鹱、海鸥和海燕。其他鸟类如雀形目鸟、鹪鹩、金翅雀、鸫和掠食性鸟类条纹卡拉鹰、土耳其秃鹰、短耳鸮，沿岸海鸟白草雁（kelp geese）和不会飞的船鸭也要依靠生草丛来获得庇护，尤其是被盛行西风连续重创时。还有一些鲸类生活在环岛海域中，而有几类海豚，如黑白海豚和皮氏斑纹海豚则经常在近海水道中玩耍嬉戏。

在远离海岸的海域中，间纹斑纹海豚、长肢领航鲸、虎鲸和抹香鲸经常出没。

象海豹是一种身躯庞大、可以远渡重洋的海洋哺乳动物，喜欢在海滩上拖曳着沉重的身躯行走，去泥里或草丛茂盛的沙丘中造个打滚的地方。在温暖的夏日，象海豹常常会聚在粗糙的沙滩上酣然大睡，偶尔将沙子掷到后背正在蜕换的皮肤上，以保持清凉舒爽。一群光彩夺目的高地鹅以一种高傲的姿态在象海豹的身边悠闲漫步，似乎一点儿也不在乎二者之间身形与体重的巨大差异。黑白条纹相间的麦哲伦企鹅一路散漫而来，摇摆前行，当它们走到海豹身边的时候，就伸长脖子，在海豹耳边大声鸣叫，其声若驴。有鉴于此，麦哲伦企鹅常被称为驴子。

南美海狮谨慎而冷漠，对人类和其他动物均怀有戒心。它们也栖居在这些荒僻的海滩上以及悬崖下长满了巨藻的岩架上。魁伟的雄海狮极具攻击性，尤其是当它的一众妻妾正在哺育它们可爱的肥宝宝时，雄海狮的保护欲更强。一只跳岩企鹅试图穿越波涛到达对岸的岩架，却遭到海狮的追杀。这一场景融合了力量与速度，精彩绝伦。凭着人多势众和迅速敏捷，一拨又一拨的跳岩企鹅穿过巨藻，冲上海岸。每一只企鹅都疯狂地拍打着前肢，争先恐后地攀上岩石，以躲避海狮凶猛的撕咬。大多数企鹅以这种方式上岸后，就开始了一场艰难的攀爬，跃过重重悬崖，走向

巴布亚企鹅跳过海藻床，乘风破浪来到岸边，奔向其繁衍生息的营巢地。巴布亚企鹅之所以易于辨认，因为具有与众不同的橙色鸟喙和白色小帽羽。它们通常分布在马尔维纳斯群岛，也会选择在南乔治亚岛及南极半岛的西部边缘繁育后代

巴布亚企鹅踩波踏浪来到马尔维纳斯群岛的岸边。海浪日复一日地拍打着马尔维纳斯群岛黄色的沙滩，使巴布亚企鹅拥有了丰富的经验去破浪而出，回到营巢地。企鹅的胸骨坚硬，可以很好地保护它们抵御海浪和岸岩的击打

家园和嗷嗷待哺的幼雏。

引人瞩目的是，跳岩企鹅的居所与数以千计的黑眉信天翁的巢穴完美地融合在一起。巢穴与巢穴之间保持着适当的距离，以便它们往来喂哺幼崽时不会侵扰其他的种群。黑眉信天翁将泥巴与干草混合，建造了一个高30厘米的基座。基座呈碟形，以便信天翁蹲下来孵蛋时，热量能聚拢在蛋的周围。跳岩企鹅的巢相对较低，是由泥巴、羽毛和草构成的，有时还会夹杂少许匆忙中收集的石块。与信天翁不同的是，跳岩企鹅通常有两个幼雏。虽然为了去大海觅食，跳岩企鹅每天都不得不在悬崖间跳上跳下，但是这所有的辛苦都是值得的。因为它们位于悬崖顶端的巢，不仅排水性能良好，还远离巨浪的冲击，非常安全。风力对于信天翁的飞行以及操控来说都是最为基本的要素。所以，崖顶是一个合理的飞行地点，在这里，信天翁不仅能展开自己长长的翅膀，还能借助强劲的风势一飞而起。

由于马尔维纳斯群岛的动物没有经历过残忍的杀戮，所以它们对人类仍存有很大的信任，并没有将人类视为捕杀者而畏惧防范。与南极洲一样，马尔维纳斯群岛仍然是一片真纯之地。静坐在这里的海滩上，看着一队企鹅从身边摇摆而过，平静自如，似乎完全不忧惧你的存在，真是一件幸事。这种友好和信任非常珍贵，我们无论付出多大的代价都要细心呵护它，使之能够地久天长。

条纹卡拉鹰在信天翁和企鹅的营巢
地周围转悠，伺机捕食弱小的幼鸟

一群蓝眼鸬鹚在马尔维纳斯群岛一处有代表性的海滩上占据了一片岩石岬角

一只成年的跳岩企鹅伫立在布干维尔角（Cape Bougainville）的草丛中。布干维尔角位于东马尔维纳斯，隶属于马尔维纳斯群岛。跳岩企鹅通常在杂草茂盛的陡坡上聚群而居、筑巢为家，并与信天翁和鸬鹚共享一地

夏季的海狮岛（Sea Lion Island）上，
一只雄性象海豹在皮肤蜕换的时候
躺在了其他海豹打滚的地方

象海豹的幼崽在夏日温暖的阳光下悠闲小睡。在返回海中度过漫漫严冬之前，它们会一直如此消磨时光

海狮岛上，一只小象海豹慵懒地打着呵欠。由于母亲的乳汁中含有极其丰富的脂肪，小象海豹的生长速度极快。到夏天结束时，它们已经变得足够强壮，可以返回海中安度严冬。当下一个春天来临时，它们会重返海岸

麦哲伦企鹅来到岸上筑巢而居。草丛下的沙地里是它们深深的洞穴。麦哲伦企鹅会发出刺耳的尖叫声，酷似驴叫，非常独特

黑眉信天翁带着捕获到的乌贼从南大洋返回家中，给嗷嗷待哺的幼鸟喂食。它们常常居住在由泥巴和干草混合筑成的巢穴里

黑眉信天翁的营巢地为数众多，遍及马尔维纳斯群岛。这些鸟会飞相当长的距离，到南大洋捕食乌贼。然而，由于群岛周边捕鱼业的扩展，许多黑眉信天翁因被误捕而丧生

13

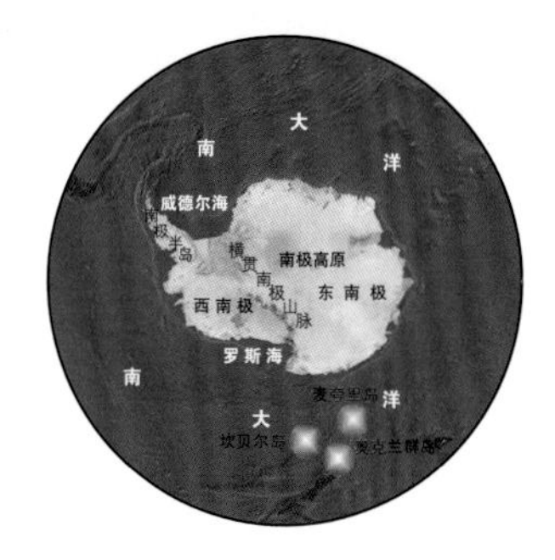

The New Zealand Subantarctic Islands 新西兰亚南极群岛

孤绝、粗犷、暴风肆虐，然而又美得令人窒息，这便是新西兰南部的5座亚南极群岛。群岛的生态系统非常脆弱，如今已被严格地保护起来。这里是许多动植物的家园。它们都是当地的本土物种，仅存在于风雨飘摇的南大洋边缘。与许多其他的亚南极群岛不同，新西兰群岛上没有经年不消的冰雪，亦没有冰川。

这5座群岛分别是斯奈尔斯群岛（Snares Islands）、奥克兰群岛（Auckland Islands）、安蒂波迪斯群岛（Antipodes Islands）、邦蒂群岛（Bounty Islands）、坎贝尔岛（Campbell Island），在1998年被全部确认为世界遗产，新西兰环保部（DoC）负责这些岛屿的永久保护和保存。它们也被列为国家级自然保护区，享受新西兰最高等级的守护。所有的到访者，无论是科学家抑或游客，都要由一位DoC代表陪同前往，其行动处于严密的监管之下，并要严格遵守把对岛屿的影响降到最低限度的法规。这一连串岛屿与世界遗产地——新西兰南岛（South Island）的整个西南海岸有紧密的联系。它们西面最近的邻居是澳大利亚的麦夸里岛——另一座被定为世界遗产的亚南极岛

坎贝尔岛的西南海岸雏菊盛开

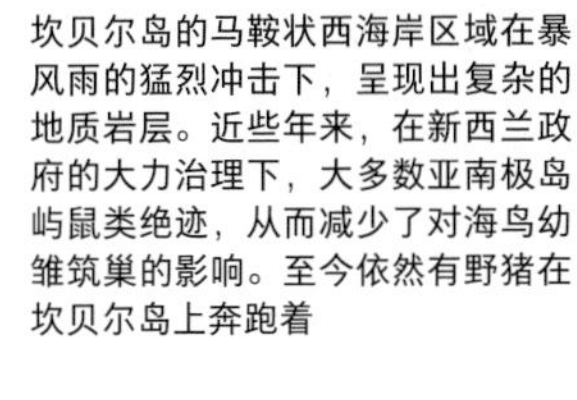

坎贝尔岛的马鞍状西海岸区域在暴风雨的猛烈冲击下，呈现出复杂的地质岩层。近些年来，在新西兰政府的大力治理下，大多数亚南极岛屿鼠类绝迹，从而减少了对海鸟幼雏筑巢的影响。至今依然有野猪在坎贝尔岛上奔跑着

象海豹的繁育地遍布南极周边的所有亚南极岛屿。图为生活在坎贝尔岛上的象海豹，它们繁育的成功度与其食物来源的有效性有着密不可分的关系。即便是海洋温度的细微变化，也会使象海豹的食物来源受到很大的影响

坎贝尔岛斯穆斯沃特湾（Smoothwater Bay）的一群跳岩企鹅伫立在瀑布下的大卵石上。跳岩企鹅在南极洲周边的许多亚南极岛屿上繁育后代，从马尔维纳斯群岛、克罗泽群岛到麦夸里岛，到处可见它们的身影

屿。联合国环境规划署将新西兰的亚南极群岛描述为“在所有亚南极群岛中最为丰富多样，也最为广袤辽阔”。

5座群岛中最靠北的是斯奈尔斯群岛。它位于南纬47度，属于“咆哮40度”领域，坐落在斯图尔特岛（Stewart Island）西南方约100千米，是新西兰三大岛中最小的一座。5座群岛中最靠南的是坎贝尔岛，位于南纬52度。由于坎贝尔岛拥有全年运营、长时间服务（现已关闭）的科研站，也可能是5座群岛中最有名气的一座。这里空气清冷，潮湿且多风，处于“怒吼50度”（Furious Fifties）的掌控之中，饱受南大洋最狂暴天气的摧残。

迄今所有的岛屿都无人居住。人们曾经尝试在此躬耕农作，建立毛利人定居点，却以失败告终。这里也曾常常出现海豹捕猎船和捕鲸船贪婪的帆影。1842年，詹姆斯·克拉克·罗斯来访此处，当时他已经在南极地区的更南端完成了卓越的探险和发现。在过去的200年间，这条崎岖的海岸线见证了许多船只的往来，而那些受困船员求生的故事亦成为非凡的传奇。一名失事船上的水手，在1864年描述了他在亚南极地区避难的经历：“无尽的狂风、持续的冰雹、暴雪以及倾盆大雨敲打着我。”这是他生命中最悲惨的经历，比他在南大洋其他地方，甚至是让人胆寒的合恩角碰到的事都要可怕。岛上一度存贮着许多紧急求生用的食物，但是现在尽可能以一种原生态的方式来提供。所有的野生绵羊、山羊、兔子和牛已经被有条不紊地予以转移。近些年，DoC完成了一项艰巨的任务，即消灭所有的有害物种，比如鼠和猫，因为它们极可能会大举摧杀藏身于洞穴的海鸟。新西兰亚南极地区以海鸟大规模聚集而闻名，至少有40种鸟类在此繁殖栖息。群岛坐落在南极辐合带以北。辐合带的生物丰富多样。在这里，南大洋冰冷幽深、营养丰富的水流与坎贝尔深海高原（Campbell Plateau）温暖浅层的水流相交融。这意味着，群岛周围的海域里蕴含着丰富的食物。海鸟将它们的岛上家园作为基地，从这里出发，飞向大海搜寻磷虾和乌贼，然后将猎物带回给自己的幼雏。

这片水域中生存着大量的深海鱼类和乌贼，支持

了捕鱼业的发展壮大。进入21世纪，新西兰的巡逻船与飞机对捕鱼业进行严密监控。新西兰专属经济区环绕在群岛周围，宽370千米，是世界上最广阔的专属经济区之一。尽管如此，在过去10年间，信天翁和海狮因延绳钓法或拖网误捕而惨遭不幸，也造成了深深的困扰，并引发了巨大争议。某些信天翁种群数量急剧下降。2003年，为了加强保护，新西兰政府宣布将海岸线以外22千米的海域划为海洋自然保护区，为所有生物打造一个安全的庇护区域。

布勒氏信天翁拥有轻绵柔软、烟灰色羽毛，鸟喙呈明亮的黄色。它们总是凝视前方，在眼周柔美斑纹的反衬下，目光更显凶狠和骄傲。这种高贵的动物有着自己独具的魅力。在经历了南大洋长期的风吹雨打后，它们优雅地归来，在自己的基底形巢穴中休憩安歇。我们所看到的这一切都不过是一种提醒，告诉我们这些伟大的飞行家有多么可贵。以这里为家的信天翁有10种，而其中的5种——南方皇家信天翁（Southern royal albatross）、白顶信天翁（White-capped albatross）、安蒂波迪信天翁（Antipodean albatross）、坎贝尔信天翁（Campbell albatross）、吉布森信天翁（Gibson's wandering albatross）仅仅在这里繁殖栖息。

这里还有大约20种海燕、管鼻鹱、海鸥以及鹱。它们整日在海中捕食，黄昏时分则成群地在空中盘旋，然后猛冲而下，到位于泥煤土或树根下的洞穴里安歇。与信天翁一样，这些鸟类也具有“管状的鼻子”。鼻孔状的管道长在喙的顶端，可以将盐水中的盐分排出，从而使它们适应海上生活，在水中度过大部分时光。

有4种企鹅将巢穴隐藏在纷乱的赫伯（hebe）灌木丛中，或弯曲的树紫苑里，出入往来。斯岛黄眉企鹅和竖冠企鹅都是当地的本土物种。总的来说，在新西兰栖居的6种企鹅，是世界上差异性最大的企鹅物种。这里还生活着3种当地的鸬鹚亚种，以及15种特化的陆地鸟，比如1997年发现的坎贝尔岛鹬和不会飞行的坎贝尔岛短颈野鸭。

亚南极群岛的气候一般都很恶劣。然而，斯奈尔斯群岛的气候却是其中最温和的，平均温度

一只黑眉信天翁正在坎贝尔岛的布尔岩用乌贼喂养宝宝

一只黑眉信天翁将巢穴建在坎贝尔岛的布尔岩上。信天翁通常把巢筑在悬崖之巅，这样它们就可以利用风和上升气流来顺势起飞。一旦起飞，信天翁可以在空中滑翔好几个星期。即便是最小的气流，都可以支撑它远飞至南大洋捕捉乌贼

一只布勒氏信天翁正在峭壁上观察可以筑巢的地点。这座峭壁位于斯奈尔斯群岛的莫利莫克湾（Mollymawk Bay）

斯岛黄眉企鹅在斯奈尔斯岛一块岩石平台上来回游荡，巨藻随波而动。这种世界上生长最快的植物，长长的叶片如同羽毛，将亚南极群岛包围起来。这座海底森林使得企鹅和海豹很难穿越它去找到上岸的路

为11℃，年降水量1200毫米。与其他群岛不同的是，斯奈尔斯的降雪十分罕见，并且是唯一的一座草木丛生的群岛，从未被引入的哺乳动物蹂躏过。岛上有20种高等植物，包括罕见的坎贝尔雏菊（megaherb），都是纯粹的本土物种。还有许多与众不同的苔藓、地衣和真菌寄居于此。娇小可爱的斯岛黄眉企鹅于被风扭曲的树紫苑枝丫后探出身来，从坚硬的花岗岩峭壁上跳下水，穿过纤长盘绕的巨藻，游向大海。黄昏时，成群的灰鹱在空中盘旋，遽然急降，穿过丛林的华盖，急匆匆地归巢。它们将许多枝叶拖回家中，为的是打造一个地下的安逸窝。据说仅在斯奈尔斯群岛，就有600万只海鸥繁衍生息。

奥克兰群岛在5座群岛中面积最大、海拔最高[最高峰雷纳尔山（Mt. Raynal）海拔644米]，主岛约40千米长，其中有2座如今已被生草丛覆盖的古火山。对野生动植物而言，一些较小的离岸岛屿，如失望岛（Disappointment Island）、亚当斯岛（Adams Island）和恩德比岛（Enderby Island）是相当特别的所在。亚当斯岛和失望岛植被密布的陡崖是信天翁的繁殖地，恩德比岛则是珍稀的本土动物——胡氏海狮（如今称为新西兰海狮）的家园。这种海狮总数为12 000头。晴朗的日子里，恩德比岛的桑迪湾绿波清澈、蔓草离离，一派田园牧歌般的景象。真让人难以置信，这里居然是荒僻的亚南极岛屿，而非波利尼西亚的热带岛屿。

海滩后的一棵拉塔树（rata tree）红花怒放，一只红冠鹦鹉从中飞出，落在你的脚下，让你恍然生出置身热带的幻觉。而后4只羞怯的黄眼企鹅迈着蹒跚的步子列队经过，穿过一片黄色的沙滩，悄悄地消失在森林的尽头。在恩德比岛南部的即罗斯港，冬季聚

集着大群曾遭捕杀的南露脊鲸，它们享受着这里海湾的庇护，并交配繁殖，哺育后代。800万年前的火山活动，对于坎贝尔岛的形成起了很大的作用。岛上的最高峰为哈尼山（Mt. Honey），海拔569米，坐落在状如峡湾的主要入口珀西维伦斯港（Perseverance Harbor）之上。除了克罗泽岛外，坎贝尔岛的信天翁（6种）比其他任何亚南极岛屿的信天翁的种类都多。克罗泽岛是一座法属岛屿，坐落在南印度洋中，拥有7种信天翁。虽然坎贝尔大海鸟（身形较小的信天翁都被统称为大海鸟）是当地物种，然而坎贝尔岛却以南方皇家信天翁的主要繁殖地闻名。南方皇家信天翁偏爱在地势高而开阔、长满生草丛的斜坡上筑巢。这里是世界上最珍贵且最濒临灭绝的企鹅——黄眼企鹅的大本营，约有600对在此繁衍生息。

岛群的最东端坐落着荒僻遥远、鲜有访客的邦蒂群岛和安蒂波迪斯群岛。它们都是狭小的花岗岩岛屿，迎着横扫的暴雨，伫立在浩瀚的南大洋中。继续向东，另一座亚南极岛群即是南设得兰群岛。它在南极半岛附近，离上述两群岛至少有8000千米远，跨越太平洋南端方可抵达。邦蒂群岛是依据“邦蒂”号（H.M.S. Bounty）船命名的。这艘船在船长威廉·布莱的指挥下，于1788年航行至此。安蒂波迪斯群岛不见树木，唯有草丛覆盖其上。邦蒂群岛则几乎没有任何植被。布莱原本以为这里是冰雪覆盖的世界，然而目光所及，唯见鸟粪遍地。

安蒂波迪斯群岛和邦蒂群岛与它们的大个子邻居坎贝尔岛和奥克兰群岛一样，不断遭受西风的侵袭。对于不时来访的科学家、自然资源保护主义者和游客来说，海鸟一直是他们关注的亮点和焦点。安蒂波德漂泊信天翁（Antipodean wandering albatross）是最吸引人的一种，因为它属于坎贝尔岛吉布森漂泊信天翁（Gibson's wandering albatross）的旁系。很多竖冠企鹅与跳岩企鹅选择在安蒂波迪斯群岛上繁殖后代。安蒂波迪斯群岛还有一种当地特有的鹦鹉——纯绿鹦鹉，它的羽毛呈现出一种独特的翡翠绿色，身形比同样栖息在此的红冠鹦鹉魁梧。生活在邦蒂群岛上的企鹅将巢自由地安置在信天翁窝群之中，从而形成了一种奇妙的共存，而这可能是因为合适的筑巢地

拉塔花（rata flower）在奥克兰群岛恩德比岛的密林中落了一地

恩德比岛上的拉塔森林繁花似锦。
而远处的奥克兰岛隐约可见

瀑布从悬谷上飞流直下，坠入拉塔森林。这一段区域属于麦克伦南湾，是奥克兰岛的一部分。奥克兰群岛的地貌尤为崎岖粗糙，悬崖陡峭，密林蔽道。树木花草几乎全部为当地品种，红艳欲滴的拉塔花就是一例

的短缺造成的。岩石密布的海岸线上，2万只新西兰海狗在此繁衍生息。与出现在大多数亚南极群岛的情况一样，这里的海狗也曾于19世纪惨遭大屠杀，为其珍贵的皮毛而丧命。然而幸运的是，到21世纪海狗的数量已经恢复。

让我们欣慰的是，在“咆哮40度”的一旁，保留着这样一片亚南极群岛体系，几乎没有受到人类的侵扰。这些美妙的岛屿庇护着无数鸟类和动物，是它们的家园。在这里，动物们不再畏惧人类的存在，而且愿意接近人类，以满足它们与生俱来的好奇。但愿这信任永存。

红冠鹦鹉栖息在恩德比岛的拉塔森林中。它们至少占据了奥克兰群岛中的5座岛屿。与此同时，黄冠鹦鹉也在这里安居

一只新西兰母海狮与其尚未断奶的宝宝憩息在恩德比岛上

一只母海狮正在坎贝尔岛的珀西维伦斯湾与年轻的公海狮激烈地搏斗着

新西兰海狮宝宝在恩德比岛的幼儿园中玩耍。新西兰海狮是新西兰亚南极群岛的特有物种，然而近些年来却濒临灭绝。这主要是因为海狮幼崽伤亡惨重。它们或死于坍塌的兔子洞（兔子已被根除），或被渔网误捕而溺亡

一名潜水者与一头南露脊鲸近距离遭遇。南露脊鲸环绕极地分布，几乎遍及整个南大洋。夏季，它们向南游入更加寒冷的南极水域猎食。南露脊鲸对其他海洋动物（比如海豹）都很好奇，愿意互相接触

在安蒂波迪斯岛上，一只竖冠企鹅守护着自己的幼雏

一对竖冠企鹅站在鸟巢里极目远眺位于安蒂波迪斯岛北岸的奥德-里斯（Orde-Lees）营巢地

一对竖冠企鹅站在邦蒂群岛的悬崖之巅。竖冠企鹅选择在邦蒂群岛和安蒂波迪斯群岛上繁育后代。这里一共有近77 000对企鹅，分布在3个主要的营巢地中。它们主要的食物是磷虾、乌贼及一些小鱼

黄眼企鹅羞涩胆怯，难以捉摸，是一种濒临灭绝的珍稀物种，藏身在恩德比岛浓密的拉塔森林中

日暮时分，萨文氏信天翁（salvin's albatross）一齐返回位于邦蒂群岛普罗克勒梅申岛上拥挤喧嚣的营巢地

一只萨文氏信天翁伴着夕阳降落在位于邦蒂群岛普罗克勒梅申岛的营巢地上。这种美丽的海鸟非常善于远洋飞行，所以它们还会选择克罗泽群岛、斯奈尔斯群岛以及邦蒂群岛的其他岛屿栖息。它们用泥土、鸟粪或小的岩石片建起自己带着基座的巢穴

14

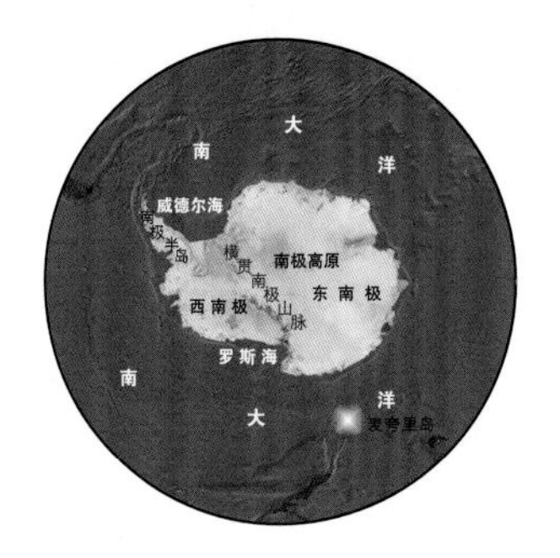

数以千计的皇家企鹅在桑迪湾的营巢地内产卵并抚育后代

Macquarie Island
麦夸里岛

在南纬54度隐藏着一座亚南极岛屿——麦夸里岛。这是另一小片陆地，似乎被抛在浩瀚的南大洋中漂荡。麦夸里岛寒冷潮湿，经受着来自“怒吼50度”西风的猛烈侵袭。它坐落于塔斯马尼亚东南方1480千米处，已定为自然保护区。虽然它的很多科学项目由霍巴特的澳大利亚南极局（Hobart-based Australian Antarctic Division）掌控，但整个岛屿受塔斯马尼亚公园及野生动物服务局（Tasmanian Parks and Wildlife Service）管理。与此同时，在岛屿附近划定了一片海洋生物保护区，保护那些种类丰富的海洋生物。它们被麦夸里所吸引，来到这片海域繁衍后代。1977年，联合国教科文组织宣布麦夸里为生物圈保护区，作为生物圈计划的一部分；而20年后，即1997年，麦夸里列入“世界遗产名录”。

麦夸里岛凝蕴着美丽，同时也引起了科学家的极大兴趣。对于地质学家来说，它是唯一由大洋中心海底岩层隆起至海平面以上而形成的陆地。70万年前，澳大利亚板块和太平洋板块碰撞，海底上升形成了麦夸里。这座岛屿从未与任何大陆接壤。离它最近的是新西兰亚南极坎贝尔岛。麦夸里之所以被授予“世界遗产”的称号，主要是因为这种地质学的独特性。

象海豹们在夏季的蜕皮季节里到北岸的沙滩上打盹，旁边有一群企鹅在围观

衬着远方维特山（Mt.Waite）的麦夸里草丛垫构成典型的高原植被图景

在麦夸里岛的卢西塔尼亚湾，王企鹅的巨大营巢地是最伟大的野生景象之一。后面是青草覆盖的小山，突兀奇峻，将澳大利亚亚南极岛屿的美丽展现得淋漓尽致

生物学家也来到麦夸里，并且在最北端一块狭长的区域旁建立了一座全年运行的研究基地。岛屿不断受到暴风雨的侵袭，巨大的波浪冲过哈瑟尔伯勒湾（Hasselborough Bay）和巴克尔斯湾（Buckles’Bay）之间狭长而多沙的缺口。然而，这些坚韧的澳大利亚生物学家，为了研究以麦夸里为家的众多海鸟、企鹅、海豹以及植物，甘愿忍受带着咸味的浪花、狂风和泥泞。这些动植物是长途流徙的幸存者，同时又能适应麦夸里恶劣的亚南极气候，很有研究价值。麦夸里位于南极洲生物边界以北约270千米，属于南极辐合带，即冷暖洋流的汇合处。一片富饶的水域环绕着它，也满足了岛上许多海鸟及海洋哺乳动物的捕食需求。

对于气象学家、气候学家及物理学家来说，麦夸里是建立海上基地的仅有的几个绝佳岛屿之一，在这里可以监测南半球高纬度气候和大气现象。同样，电离层物理学家也对它怀有浓厚兴趣，因为在这一纬度恰好可以观测到壮观的南极光。

虽然麦夸里现在受到完全的保护，却并非一贯如此。1810年，麦夸里岛因一艘悉尼海豹捕猎船而被首次关注。一些船员踏上沙砾遍布的海滩，开始做不光彩的事——屠杀海狗和象海豹，以获得它们的皮和含油量丰富的海豹脂。在那个年代，海豹脂需求量很大，是灯油和润滑剂的原料，同时也用于涂料。开始的18个月内，共有2万多只海狗惨死。在10年的时间里，海狗濒临灭绝，然而这场杀戮却没有停止，持续了将近100年。最后，在东南海岸的卢西塔尼亚湾（Lusitania Bay），连马可罗尼企鹅和王企鹅都没能逃脱厄运，它们被赶上厚厚的木甲板，惨死在蒸煮锅里。这样的锅一次就可以把2000只企鹅熬成油脂。与南乔治亚岛不同的是，麦夸里岛从来都没有成为捕鲸基地。这是因为船只登陆困难，并且缺少一个安全的港口。

澳大利亚著名的南极地质学家及探险家道格拉斯·莫森在终止这种野蛮行动上起了很大作用。由于麦夸里大致位于澳大利亚大陆和南极大陆的中间，1911—1914年，莫森率领的澳大利亚南极探险队在这里竖起了无线电杆，并建起了一座无线中继站。到

了1915年，新西兰人控制了炼油产业，麦夸里岛几乎全部由新西兰管辖。莫森开始积极游说，推进全面保护麦夸里的运动。这种游说一直持续到1933年，直至麦夸里被正式指定为澳大利亚野生动植物保护区。然而，不幸的是，人类早期的占领对麦夸里本地物种造成了很大影响，尤其是炼油工业衰落后留下了外来植物以及黑鼠、老鼠、新西兰走地鸡、猫，更可悲的是还有兔子。这些外来动物物种的引入，直接导致了本地特有的两种鸟类——不飞的秧鸡（flightless rail）和长尾小鹦鹉（parakeet）的灭绝。今天，尽管人们多次使用猎枪和黏液瘤病毒来消灭兔子，兔子依然泛滥，严重破坏了宽阔的草丛带。

麦夸里岛是一块狭长的矩形陆地，长34千米，宽5千米，包含一片海拔200米的高原。高原上草从覆盖，蜿蜒起伏。哈密尔顿山（Mt. Hamilton）是最高点，海拔443米。高原上没有树木，是贫瘠的荒原，与苔原十分相似，密布着湖泊和小溪。高原陡降到狭窄的沙石滩上，探入狂野的波浪里。小岛以麦夸里甘蓝（stilbocarpa polaris）而闻名于世，它能为水手提供宝贵的维生素C，使他们远离白血病。虽然在这些纬度大雪随时飘洒，可是岛上却没有持久的雪地和冰川，而且从来没有海冰。冬天，昼长会大幅度缩短，然而这里的风、气温、云量及雨量一年到头却鲜有变化。坐落在水下的麦夸里海岭（Macquarie Ridge）上，地震非常普遍，而且麦夸里岛又横跨在一个主要的断层系上，这个断层系向北延伸至新西兰的南岛（South Island），从而形成了阿尔卑斯断层。

麦夸里岛上的海鸟非常有名，每年都吸引着大量的游客从霍巴特勇敢地穿越险道来此。如果要看马可罗尼企鹅和王企鹅，麦夸里的海滩有这个星球上最壮观的野生景观。在岛屿南端的赫德角（Hurd Point），坐落着世界上最大的马可罗尼企鹅营巢地，这里大概有50万对企鹅。卢西塔尼亚湾也是一个令人惊叹的野生动植物家园，这里生存着大约20万对处于繁育期的王企鹅。它们有着亮丽的黑色与橘色相间的头部，以及非常有特色的、号角一样的鸣叫声。巴布亚企鹅和跳岩企鹅也在麦夸里岛繁育。岛上

在麦夸里岛的高原上，皮拉米德湖被繁茂的高山植被簇拥于怀中

索耶尔溪瀑布（Sawyer’s creek waterfall）从麦夸里岛高地上遽然落入大海

已记录在册的鸟类有72种，其中包括4种信天翁，分别为灰背信天翁（Light-mantled sooty albatross）、漂泊信天翁、黑眉信天翁和灰头信天翁。悲哀的是，所有鸟类都要奋力挣扎才能勉强维持种群的数量。这不仅是因为肉食动物如野猫的威胁，也由于捕鱼作业的误捕。

与企鹅共同分享海滩的动物还有无数的象海豹和3种海狗，其中主要的海狗种类是新西兰海狗。在20世纪50年代，南象海豹曾达到11万只的数量顶峰，然而从此以后，数量开始下降。麦夸里岛周围的海底大陆架虽然狭窄，却有着丰富的海洋生物。巨大的牛藻为浮游生物和鱼类提供了非常富饶的生长环境，而这些海洋生物则成了海豹和鸟类的食物。

虽然澳大利亚管理着两座主要的亚南极岛屿——麦克唐纳岛（McDonald Island）和冰川封冻、火山频发的赫德岛，但麦夸里岛毫无疑问是镶嵌在澳大利亚皇冠上的一颗璀璨明珠。它与周边的新西兰亚南极岛屿群一起，成为南大洋野生动植物的重要避难所。

虽然在南大洋的寒风中，只有稀疏的草丛遮挡，一群皇家企鹅依然要在夏季产卵和抚养幼崽

一对跳岩企鹅在麦夸里岛的甘蓝下栖息

麦夸里岛的芬奇溪（Finch Creek）旁，一群皇家企鹅正在穿越坎贝尔岛雏菊，前往大海

麦夸里岛特有的岩滩上，一对皇家企鹅在夏日的阳光下打盹

15

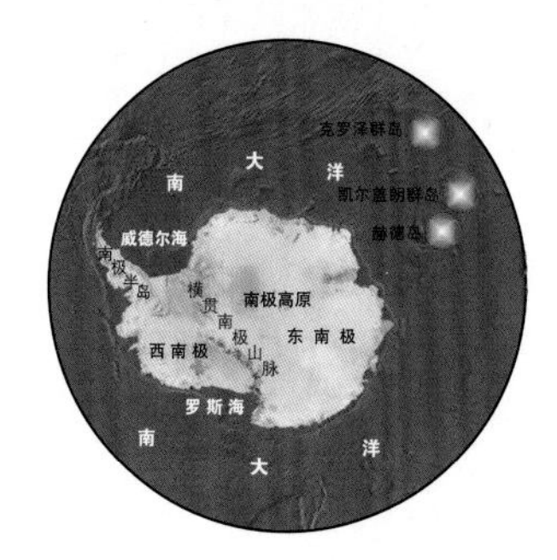

The Subantarctic Islands of the Southern Indian Ocean
南印度洋的亚南极群岛

在南印度洋上，有一些由崎岖的亚南极群岛和岛屿组成的自然保护区。它们分别由南非、法国和澳大利亚管理。虽然每座岛屿都位于南纬60度以北，并且不在《南极条约》的保护范围之内，但任何想登陆岛屿的游客都必须事先获得许可，并遵守最严格的环境准则。每座岛屿之间的距离都非常遥远，要想穿过浩瀚的南大洋到达这些群岛，必须历经千辛万苦，与“咆哮40度”做斗争，穿过可怕的“怒吼50度”。正因如此，这些美丽的岛屿很少有人拜访，只有一些科学家在那里进行大学或政府资助的科研项目。简而言之，遥远反而成了最好的保护。

挪威的布韦岛以东约2960千米处，坐落着属于南非的马里翁岛及爱德华王子岛，它们大致位于好望角（Cape of Good Hope）的东南方，荒凉偏远。继续向东925千米，是法国的克罗泽群岛；再向东1380千米，是法国的凯尔盖朗群岛；而在凯尔盖朗的东北面，坐落着更为偏远的圣保罗岛（St.Paul Island）和阿姆斯特丹岛（Amsterdam Island）；最后是澳大利亚的赫德岛和麦克唐纳岛，在凯尔盖朗的东北方向，相距只有500千米。而以赫德岛为起点，向东5900千

凯尔盖朗群岛的库尔贝半岛海岸线崎岖不平

克罗泽岛上，王企鹅的营巢地拥挤不堪。在拥挤的企鹅群中，既有成年企鹅，也有披着棕色绒毛的幼崽

大本山是南印度洋赫德岛上最主要的火山，它非常活跃，覆盖着厚厚的冰川

米，即可抵达另一座亚南极岛屿——麦夸里岛。

南印度洋从来都不是懦弱者的乐园。这里狂风暴虐，冰雹不断，雨雪交加，总之是极度危险。不过，恶劣的天气过后，一切都归于平静，唯有淡淡的雾气缭绕其间……而正当你放下防备之时，亚南极的风暴会再度席卷而来……对于岛屿上的所有生命，对于荒野爱好者，我们能给予的只有最真诚的祝福。

这些岛屿都起源于火山，不过现在只有赫德岛仍不断有火山活动，而凯尔盖朗岛上则覆盖着庞大的冰川，终年积雪，其最高峰是大罗斯峰（Pic du Grand-Ross），海拔1850米。在主要岛屿格朗德特尔岛的西南，仍有火山喷发的现象。凯尔盖朗位于南纬49度，正处于南极辐合带，所以其周围从来都没有海冰围聚。即便偶然有冰山，也会漂移到遥远的北方。

凯尔盖朗群岛（最初叫荒芜之岛）早在1772年就被法国航海家凯尔盖朗·特雷马克船长发现。1776年，詹姆斯·库克船长将凯尔盖朗群岛作为新发现的陆地，标注在他仓促绘制成的地图上的南纬度地区里。自此，几乎发生于南大洋边缘每一座亚南极岛屿上的惨剧再次上演。不久之后，捕鲸船与海豹船纷至沓来，开始残忍地猎捕鲸鱼、象海豹和海狗。另外，凯尔盖朗也因凯尔盖朗甘蓝（Pringlea antiscorbutica）而在早期水手中十分有名。顾名思义，它们能为水手们不健康的饮食提供丰富的维生素C。

凯尔盖朗岛是一座很大的岛屿（120千米 × 110千米）。由于岛上有很多幽深的峡湾，岛屿的任何一部分与海洋的距离都不会超过20千米。岛上有一座常设的法国研究站规模很大，位于法兰西港（Port aux France）（夏季最多有110名工作人员，冬季70名），归法属南方和南极领地（Terres Australes et Antarctiques Francaises）管辖。多年以来，外来物种的入侵给主要的岛屿带来了严重影响。格朗德特尔岛上有绵羊（也就是现在非常稀少的Bizet sheep）、科西嘉山羊（Corsican mountain sheep）、兔子、驯鹿、牛、猫、老鼠，甚至鲑鱼。水貂也被人们带到了岛上，有一些更是游弋到附近的300多座小岛上。幸运的是，凯尔盖朗岛上的王企鹅、巴布亚企鹅、马可罗尼企鹅和跳岩企鹅的种群数量仍属正常。信天翁也选择凯尔盖朗岛上的原始海岸作为繁殖地和起飞台，以便对南大洋里的猎物发动猛攻。另外，岛上还生活着无数的漂泊信天翁、黑眉信天翁、灰头信天翁和灰背信天翁，成群的海燕和鹱也在此繁衍生息。

爱德华王子岛和马里翁岛合称爱德华王子群岛，1947年后归南非管辖。这两座岛屿坐落于南纬46度，距离南非伊丽莎白港（Port Elizabeth）的东南有1850千米。马里翁岛是这两座火山岛中较大的一个，岛上有一座小型科研基地，主要进行气象学和生物学方向的研究。岛上的最高峰为马斯克林峰（Mascarin Peak），海拔1242米。那里经常阴云密布，天气极为恶劣，一年之中至少320天有大雨和狂风。马斯克林峰的最近一次喷发是在1980年，因此被归类为活火山。

马里翁岛在1663年被首次发现，不过直到1772年才由马可-约瑟夫·马里翁·迪弗伦登陆。他耗费了5天的时间尝试登陆，并坚信他发现了长久以来假想中的南方大陆——南极洲。之后，詹姆斯·库克船长将另一座岛屿命名为爱德华王子岛，虽然他并没有登临其上。

1949年，人们将5只猫带到岛上，以应对长久存在的鼠患，但问题却接踵而至：猫的数量迅速增多，到1977年，其数量竟超过3400只。猫对掘穴而居的海燕和其他海鸟带来了毁灭性打击，人们不得不大肆猎捕以减少它们的数量。现在，岛上所有的猫都被彻底消灭。有500万只企鹅在爱德华王子岛上繁殖后代，其中有200万只是优雅的王企鹅，它们主要在5个大的营巢地。另外，巴布亚企鹅、跳岩企鹅和马可罗尼企鹅也分别有自己的营巢地。爱德华王子岛上偶尔有皇家企鹅的身影，不过那里并不是它们的繁殖地。有5种信天翁在岛上繁育后代，其中数量最多的是漂泊信天翁，约有3000对。

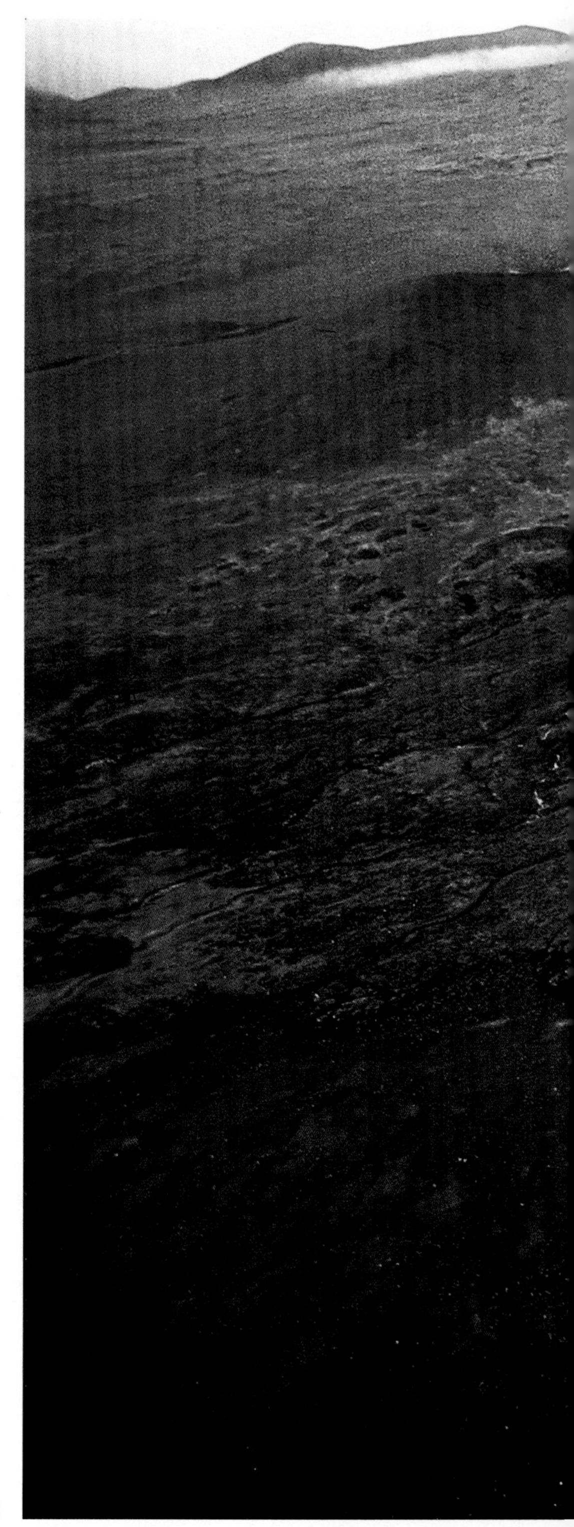

克罗泽群岛东岛的俯瞰图

在马里翁岛的海滩上，一只雄性海豹与它的众多妻妾悠然躺卧着，享受海风的吹拂

克罗泽群岛上，一只跳岩企鹅正在褪毛，并等待着新羽毛的长出，这样就可以返回海中觅食

赫德岛和麦克唐纳岛位于澳大利亚珀斯（Perth）西南方约3860千米，它们是最后被发现的南印度洋亚南极岛屿，1833年才被首次发现，1854年和1874年方被成功登临，由科学考察“挑战者”号（Challenger Scientific Expedition）的船员完成。两座岛屿均是火山成因，而赫德岛上覆盖着厚厚冰川的大本山的火山活动尤其活跃。莫森峰是岛上的最高峰，海拔2745米。大约有15座冰川从大本山下垂，缓慢流淌，最后停留在海岸上陡峭的冰崖前，而这些障碍物让岛屿周围的徒步变得非常艰难。没有冰冻的麦克唐纳岛距离赫德岛西面仅42千米，岛上的火山已经休眠了75 000年，只在近几年爆发过，最近一次发生在2005年。

1947年后，赫德岛和麦克唐纳岛成为澳大利亚的海外领土，并于1997年被列为世界遗产。赫德岛以一个美国海豹捕猎者的名字命名，因为他于1853年首次发现了这座岛屿。这一发现不可避免地引发了人们对海狗血腥的屠杀，惨剧一直持续到1880年，而那时海狗早已几近灭绝。这段时间内，最多只有200只海狗居住在海岸阴冷的巢居中。1947—1955年，澳大利亚一直负责阿特拉斯湾（Atlas Cove）科研基地的管理运营，岛屿完全成为自然保护区。海豹捕猎者居住的小木屋于2001年被全部拆除。

赫德岛坐落于南纬53度，恰好位于南极辐合带靠极地的一边，因此冬季没有海冰。豹海豹是这里的常客，海狗和象海豹则是海滩上最主要的鳍足类物种。岛上生活着200多万只马可罗尼企鹅，10万对成年王企鹅也在岛上抚育那些长着棕色绒毛、圆滚滚的企鹅宝宝。幸运的是，外来物种从来没有进入到这片荒野的岛屿上。

人们希望法国和南非继续消除岛上的外来植物和动物。对于澳大利亚的麦夸里岛来说，这是一项十分紧迫的任务。南印度洋的每一座岛屿都是海鸟和海洋哺乳动物的天堂，尽可能为它们提供最好的环境保护是我们人类的天职。

克罗泽群岛位于南纬46度，由6座火山起源的岛屿组成，归法国管辖。从1963年开始，法国一直维持着艾尔弗雷德–福尔站（Alfred-Faure Station）（30名

工作人员），那里全年都在进行生物学、地质学和气象学研究。克罗泽群岛由法国探险家马可-约瑟夫·马里翁·迪弗伦发现，于1722年成功登陆其中的波塞西翁岛（Lle de la Possession），并以其副手的姓氏给这个群岛命名。克罗泽群岛以狂风和暴雨闻名。尽管如此，仍有200万对马可罗尼企鹅于夏季繁殖季节在岛上定居生活。巴布亚企鹅和跳岩企鹅也在克罗泽岛上建立营巢地。另外，岛上的王企鹅无以计数，这里有几乎是世界上最大的王企鹅营巢地。虎鲸会定期在海滩巡游往返，猎捕海豹幼崽或粗心的企鹅。虎鲸的游速极快，它们会猛然弹射到海滩上，为美食做最后的冲刺。这项策略需要极高的技巧，以便在下一波巨浪到来之前潜回到海水中。人们在阿根廷的巴塔哥尼亚海滩也见识过这种攻击方式，威力十足。

克罗泽群岛最初附属马达加斯加，1938年被列为自然保护区。其原始的生态系统曾遭到猫和鼠类的严重破坏。至少到现在，外来引进的山羊和猪已经被消灭干净。这些动物原本是作为食物带给那些因海难而流落荒岛的人们的。1887年，法国船只“塔马里斯”号（Tamaris）在猪岛（Lle des Cochons）搁浅，船员将救援记号绑在一只漂泊信天翁的腿上，7个月以后，被西澳大利亚的人们发现。

灰背信天翁将克罗泽群岛上的一处峭壁当作避风港

一只灰背信天翁从克罗泽群岛上飞过草丛密生的山岬上空

人们将斯奈尔斯群岛的西海岸称作海岬，要想在这里寻找路径抵达海岸十分危险

在坎贝尔岛上岩石遍布的营巢地，一只优雅的坎贝尔黑眉信天翁降落在巢穴中

一只抹香鲸潜入克罗泽群岛的沿岸水域里寻找乌贼——它们最主要的食物。抹香鲸可潜的水深不可思议，长达半个多小时的憋气时间更是让人赞叹

克罗泽群岛上，象海豹庞大的身躯
使得旁边的那只王企鹅显得很矮小

一只雄性象海豹正在克罗泽群岛上
王企鹅的营巢地中心远望大海

Photographic Credits 摄影师名录

III页 Colin Monteath/Hedgehog House
IV-V页 Maria Stenzel/National Geographic Stock
VI-VII页 Kerry Lorimer/ Hedgehog House
VIII-IX页 Pete Oxford/Minden Pictures/National Geographic Stock
X-XI页 John Eastcott and Yva Momatiuk/ National Geographic Stock
XII-XIII页 Maria Stenzel/National Geographic Stock
XV页 Frans Lanting/Corbis
XX-XXI页 Marcello Libra
XXII-XXIII页 Colin Monteath/ Hedgehog House
XXIV-XXV页 Marcello Libra
XXVI-XXVII页 Frank Krahmer/Getty Images
2-3页 Howard Conway/Hedgehog House
3页 Peter Cleary/Hedgehog House
4-5页 Digital Vision/Photolibrary Group
6-7页 Robert Schwarz/Hedgehog House
8-9页 Tui De Ron/Hedgehog House
9页 Gordon Wiltsie/National Geographic Stock
10-11页 Colin Monteath/Hedgehog House
12页 Howard Conway/Hedgehog House
13页 Yann Arthus-Bertrand/Corbis
14-15页 Tom Hopkins/Hedgehog House
15页 Galen Rowell/Corbis
16-17页 Tui De Roy/Minden Pictures/National Geographic Stock
17页 Kim Westerskov/Hedgehog House
18-19页 Chris Rudge/Hedgehog House
20-21页, 21页 Kim Westerskov/Hedgehog House
22-23页, 24-25页 Daisy Gilardini
23页 Frans Lemmens/Zefa/Corbis
26-27页 Tim Davis/Corbis
27页 Daisy Gilardini
28页 Marcello Libra
29页 Thorsten Milse/Getty Images
30-31页 Desir é e Åström
32-33页 Paul Broady/Hedgehog House
33页 Colin Monteath/Hedgehog House
34-35页 Desir é e Åström
36-37页 Norbert Wu/Minden Pictures/Grazia Neri
37页 Norbert Wu/Minden Pictures/ National Geographic Stock
38-39页 Norbert Wu/Minden Pictures/ National Geographic Stock
40-41页 Colin Monteath/Minden Pictures/ National Geographic Stock
41页 Fred Olivier/Naturepl.com/Contrasto
42-43页 Desir é e Åström
44-45页 Grant Dixon/Hedgehog House
46页 Colin Monteath/ Hedgehog House
47页 Grant Dixon/Hedgehog House
48页, 48-49页 Daisy Gilardini/Getty Images
50页, 50-51页 Daisy Gilardini
52-53页 Tui De Roy/ Hedgehog House
54-55页 Yann Arthus-Bertrand/Corbis
56-57页 Daisy Gilardini/Getty Images
58页, 58-59页, 59页 Frederique Olivier/ Hedgehog House
60-61页 Marcello Libra
62-63页 Sunset/Tip images
64-65页 Darrell Gulin/Corbis
65页 Colin Monteath/Hedgehog House
66-67页 Paul A. Souders/Corbis
68-69页 Daisy Gilardini/
70页 Colin Monteath/Hedgehog House
70-71页 Paul Nicklen/ National Geographic Stock
71页 Colin Monteath/Hedgehog House
72-73页 Daisy Gilardini/
74-75页, 75页 Daisy Gilardini/Getty Images
76-77页 Paul A. Souders/Corbis
78-79页 Colin Monteath/Hedgehog House
80页, 80-81页 Momatiuk-Eastcott/Corbis
82页 Colin Monteath/Hedgehog House
82-83页 Paul Nicklen/ National Geographic Stock
84-85页 Desir é e Åström
86-87页 Tom Brakefield/Corbis
88-89页 Daisy Gilardini
90-91页 Paul Nicklen/ National Geographic Stock
92-93页 Marcello Libra
94-95页 Daisy Gilardini/Getty Images
96-97页 Colin Monteath/Hedgehog House
98-99页 Marcello Libra
99页 Colin Monteath/Hedgehog House
100-101页 Marcello Libra
102-103页 Colin Monteath/Hedgehog House
104页 Colin Monteath/Hedgehog House
104-105页 Norbert Wu/Minden Pictures/ National Geographic Stock
106页 David Tipling/NHPA/Photoshot
106-107页 Paul Nicklen/ National Geographic Stock
108页, 108-109页, 109页 Paul Nicklen/ National Geographic Stock
110-111页 Colin Monteath/Hedgehog House
111页 Marcello Libra
112-113页, 114-115页 Marcello Libra
116页 Colin Monteath/Hedgehog House
117页 Frans Lanting/Corbis
118页 OSF/Hedgehog House
118-119页 Norbert Wu/Minden Pictures/ National Geographic Stock
120-121页 Norbert Wu/Minden Pictures/ National Geographic Stock
122-123页 Moodboard/Corbis
124-125页 Winfred Wisniewski/Frank Lane Picture Agency/Corbis

126-127页 Daisy Gilardini/
128-129页 Thorsten Milse/Photolibrary Group
130-131页 Kim Heacox/Getty images
131页 Colin Monteath/Hedgehog House
132-133页 Colin Monteath/Hedgehog House
134-135页 Marcello Libra
136-137页 Tui De Roy/Minden Pictures/National Geographic Stock
138页，138-139页 Norbert Wu/Minden Pictures/National Geographic Stock
139页 Paul Nicklen/ National Geographic Stock
140页，140-141页 Ingo Arndt/ Minden Pictures/National Geographic Stock
141页 Bill Curtsinger/National Geographic Stock
142-143页 Paul Sutherland/National Geographic Stock
143页 Kevin Schafer/Corbis
144-145页 Andy Rouse/NHPA/Photoshot
146页，147页 Sue Flood/Getty images
148-149页 Howard Conway/Hedgehog House
150-151页 Wolfgang Kaehler/Corbis
151页 Maria Stenzel/ National Geographic Stock
152-153页 Colin Monteath/Hedgehog House
154-155页 Daisy Gilardini/Getty Images
156-157页 Colin Monteath/Hedgehog House
158-159页 Maria Stenzel/ National Geographic Stock
160-161页 Stefan Lundgren/Hedgehog House
162-163页 Galen Rowell/Corbis
164-165页 George Steinmetz/Corbis
166-167页 Marcello Libra
167页 Andy Rouse/Corbis
168-169页 Grant Dixon/Hedgehog House
170-171页，172页，173页 John Eastcott and Yva Momatiuk/ National Geographic Stock
174页 Marcello Libra
174-175页 Desir é e Åström
175页 Marcello Libra
176页 Marcello Libra
176-177页 Desir é e Åström
177页 Grant Dixon/Hedgehog House
178-179页，180-181页 Grant Dixon/Hedgehog House
180页，181页 Desir é e Åström
182页，183页 Marcello Libra
184-185页 Frans Lanting/Corbis
186页，186-187页，187页 Marcello Libra
188-189页，190-191页 Desir é e Åström
191页，192页（上）Marcello Libra
192页（下）Desir é e Åström
193页 Chris Gomersall/Naturepl.com/Contrasto
194-195页 Marcello Libra
196-197页 Momatiuk-Eastcott/Corbis
197页 Steve Raymer/National Geographic Stock
198-199页，201页 Marcello Libra
200-201页 Desir é e Åström
202页 Andy Rouse/epa/Corbis
202-203页 Kevin Schafer/Corbis
204页 Desir é e Åström
204-205页 Joe McDonald/Corbis
206-207页 Rick Tomlinson/ Naturepl.com/ Contrasto
208页 Andy Rouse/epa/Corbis
208-209页，209页 Marcello Libra
210-211页，211页 Daisy Gilardini/Getty Images
212-213页，214页，214-215页 Kevin Schafer/ Corbis
216-217页，217页 Desir é e Åström
218-219页，219页 Tui De Roy/Hedgehog House
220页 Tui De Roy/Minden Pictures/National Geographic Stock
221页 Colin Monteath/Hedgehog House
222页 Jim Henderson/Hedgehog House
222-223页 Tui De Roy/ Hedgehog House
223页 Tui De Roy/Minden Pictures/National Geographic Stock
224-225页 Frans Lanting/Corbis
226-227页 Harley Betts/Hedgehog House
227页 Rob Brown/Hedgehog House
228-229页 Tui De Roy/Minden Pictures/National Geographic Stock
229页 Kevin Schafer/Hedgehog House
230页 Tui De Roy/ Hedgehog House
230-231页 Tui De Roy/Minden Pictures/National Geographic Stock
232-233页 Tui De Roy/ Hedgehog House
234-235页 Brian J. Skerry/Minden Pictures/ National Geographic Stock
236页 Tui De Roy/Hedgehog House
236-237页 Tui De Roy/Minden Pictures/National Geographic Stock
237页 Tui De Roy/ Hedgehog House
238-239页 Pete Oxford/Naturepl.com/Contrasto
240-241页，241页 Tui De Roy/Minden Pictures/ National Geographic Stock
242-243页 Graham Robertson/ardea.com
243页 Panoramic Images/Getty Images
244页 Keith Springer/Hedgehog House
244-245页，246-247页，247页 Grant Dixon/Lonely Planet Images
248-249页 Graham Robertson/Auscape
250页 Auscape/Hedgehog House
250-251页 Grant Dixon/Hedgehog House
252-253页 Konrad Wothe/Minden Pictures/ National Geographic Stock
254-255页 D.Parer & E. Parer-Cook/ardea.com
255页 Eric Woehler/Hedgehog House
256-257页 Eric Woehler/Hedgehog House

258-259页 Eric Baccega/Jacana/Eyedea/Contrasto
260页 Xavier Desmier/Rapho/Eyedea/Contrasto
260-261页 Ian McCarthy/Naturepl.com/Contrasto
262页 D.Parer & E. Parer-Cook/Auscape
263页 Eric Baccega/Jacana/Eyedea/Contrasto
264页 Xavier Desmier/Rapho/Eyedea/Contrasto
264-265页 Tui De Roy/Minden Pictures/National Geographic Stock
265页 Tui De Roy/Minden Pictures/National Geographic Stock
266页 Fr é d é ric Pawlowski/Biosphoto/Auscape
266-267页 Xavier Desmier/Rapho/Eyedea/Contrasto